张景中科普文集

ZHANG
JINGZHONG
KEPU WENJI

张景中◎著

不用极限的微积分

长江出版传媒
湖北科学技术出版社

图书在版编目(CIP)数据

不用极限的微积分 / 张景中著. —武汉：湖北科学技术出版社，2017.6

ISBN 978-7-5352-9545-3

Ⅰ. ①不… Ⅱ. ①张… Ⅲ. ①微积分—少年读物 Ⅳ. ①O172-49

中国版本图书馆CIP数据核字（2017）第172456号

丛书策划：何　龙　谢俊波

责任编辑：王小芳　　　　封面设计：喻　杨

出版发行：湖北科学技术出版社　　　　电话：027-87679451

地　　址：武汉市雄楚大街268号　　　　邮编：430070

（湖北出版文化城B座13-14层）

网　　址：http://www.hbstp.com.cn

印　　刷：武钢实业印刷总厂　　　　邮编：430000

710×1010　1/16　　　　12.25印张　　　　210千字

2017年8月第1版　　　　2017年8月第1次印刷

定价：48.00元

总序

ZONGXU

感谢湖北科学技术出版社督促我将这30多年里写的科普作品回顾整理一下。我想人的天性是懒的，就像物体有惰性。要是没什么鞭策，没什么督促，很多事情就做不成。我的第一本科普书《数学传奇》，就是在中国少年儿童出版社的文赞阳先生督促下写成的。那是1979年暑假，他到成都，到我家里找我。他说你还没有出过书，就写一本数学科普书吧。这么说了几次，盛情难却，我就试着写了，自己一读又不满意，就撕掉重新写。那时没有电脑或打字机，是老老实实用笔在稿纸上写的。几个月下来，最后写了6万字。他给我删掉了3万，书就出来了。为什么要删？文先生说，他看不懂的就删，连自己都看不懂，怎么忍心印出来给小朋友看呢？书出来之后，他高兴地告诉我，很受欢迎，并动员我再写一本。

后来，其他的书都是被逼出来的。湖南教育出版社出版的《数学与哲学》，是我大学里高等代数老师丁石孙先生主编的套书中的一本。开策划会时我没出席，他们就留了“数学与哲学”这个题目给我。我不懂哲学，只好找几本书老老实实地学了两个月，加上自己的看法，凑出来交卷。书中对一些古老的话题如“飞矢不动”“白马非马”“先有鸡还是先有蛋”“偶然与必然”，冒昧地提出自己的看法，引起了读者的兴趣。此书后来被3家出版社出版。又被选用改编为数学教育方向的《数学哲学》教材。其中许多材料还被收录于一些中学的校本教材之中。

《数学家的眼光》是被陈效师先生逼出来的。他说，您给文先生写了书，他退休了，我接替他的工作，您也得给我写。我经不住他一再劝说，就答应下来。

一答应，就像是欠下一笔债似的，只好想到什么就写点什么。5年积累下来，写成了6万字的一本小册子。

这是外因，另外也有内因。自己小时候接触了科普书，感到帮助很大，印象很深。比如苏联伊林的《十万个为什么》《几点钟》《不夜天》《汽车怎样会跑路》；我国顾均正的《科学趣味》和他翻译的《乌拉·波拉故事集》，刘薰宇的《马先生谈算学》和《数学的园地》，王峻岑的《数学列车》。这些书不仅读起来有趣，读后还能够带来悠长的回味和反复的思索。还有法布尔的《蜘蛛的故事》和《化学奇谈》，很有思想，有启发，本来看上去很普通的事情，竟有那么多意想不到的奥妙在里面。看了这些书，就促使自己去学习更多的科学知识，也激发了创作的欲望。那时我就想，如果有人给我出版，我也要写这样好看的书。

法布尔写的书，以十大卷的《昆虫记》为代表，不但是科普书，也可以看成是科学专著。这样的书，小朋友看起来趣味盎然，专家看了也收获颇丰。他的科学研究和科普创作是融为一体的，令人佩服。

写数学科普，想学法布尔太难了。也许根本不可能做到像《昆虫记》那样将科研和科普融为一体。但在写的过程中，总还是禁不住想把自己想出来的东西放到书里，把科研和科普结合起来。

从一开始，写《数学传奇》时，我就努力尝试让读者分享自己体验过的思考的乐趣。书里提到的“五猴分桃”问题，在世界上流传已久。20世纪80年代，诺贝尔奖获得者李政道访问中国科学技术大学，和少年班的学生们座谈时提到这个问题，少年大学生们一时都没有做出来。李政道介绍了著名数学家怀德海的一个巧妙解答，用到了高阶差分方程特解的概念。基于函数相似变换的思想，我设计了“先借后还”的情景，给出一个小学生能够懂的简单解法。这个小小的成功给了我很大的启发：写科普不仅仅是搬运和解读知识，也要深深地思考。

在《数学家的眼光》一书中，提到了祖冲之的密率355/113有什么好处的问题。数学大师华罗庚在《数论导引》一书中用丢番图理论证明了，所有分母不超过366的分数中，355/113最接近圆周率π。另一位数学家夏道行，在他的《e和

π》一书中用连分数理论推出，分母不超过 8000 的分数中，355/113 最接近圆周率 π。在学习了这些方法的基础上我做了进一步探索，只用初中数学中的不等式知识，不多几行的推导就能证明，分母不超过 16586 的分数中，355/113 是最接近 π 的冠军。而 52163/16604 比 355/113 在小数后第七位上略精确一点，但分母却大了上百倍！

我的老师北京大学的程庆民教授在一篇书评中，特别称赞了五猴分桃的新解法。著名数学家王元院士，则在书评中对我在密率问题的处理表示欣赏。学术前辈的鼓励，是对自己的鞭策，也是自己能够长期坚持科普创作的动力之一。

在科普创作时做过的数学题中，我认为最有趣的是生锈圆规作图问题。这个问题是美国著名几何学家佩多教授在国外刊物上提出来的，我们给圆满地解决了。先在国内作为科普文章发表，后来写成英文刊登在国外的学术期刊《几何学报》上。这是数学科普与科研相融合的不多的例子之一。佩多教授就此事发表过一篇短文，盛赞中国几何学者的工作，说这是他最愉快的数学经验之一。

1974 年我在新疆当过中学数学教师。一些教学心得成为后来科普写作的素材。文集中多处涉及面积方法解题，如《从数学教育到教育数学》《新概念几何》《几何的新方法和新体系》等，源于教学经验的启发。面积方法古今中外早已有了。我所做的，主要是提出两个基本工具（共边定理和共角定理），并发现了面积方法是具有普遍意义的几何解题方法。1992 年应周咸青邀请访美合作时，从共边定理的一则应用中提炼出消点算法，发展出几何定理机器证明的新思路。接着和周咸青、高小山合作，系统地建立了几何定理可读证明自动生成的理论和算法。杨路进一步把这个方法推广到非欧几何，并发现了一批非欧几何新定理。国际著名计算机科学家保伊尔（Robert S. Boyer）将此誉为计算机处理几何问题发展道路上的里程碑。这一工作获 1995 年中国科学院自然科学一等奖和 1997 年国家自然科学二等奖。从教学到科普又到科学研究，20 年的发展变化实在出乎自己的意料！

在《数学家的眼光》中，用一个例子说明，用有误差的计算可能获得准确的结果。基于这一想法，最近几年开辟了“零误差计算”的新的研究方向，初步有了不错的结果。例如，用这个思想建立的因式分解新算法，对于两个变元的情形，比现有方法效率有上千倍的提高。这个方向的研究还在发展之中。

1979—1985年，我在中国科学技术大学先后为少年班和数学系讲微积分。在教学中对极限概念和实数理论做了较深入的思考，提出了一种比较容易理解的极限定义方法——“非ε语言极限定义”，还发现了类似于数学归纳法的“连续归纳法”。这些想法，连同面积方法的部分例子，构成了1989年出版的《从数学教育到教育数学》的主要内容。这本书是在四川教育出版社余秉本女士督促下写出来的。书中第一次提出了“教育数学”的概念，认为教育数学的任务是“为了数学教育的需要，对数学的成果进行再创造。”这一理念渐渐被更多的学者和老师们认同，导致2004年教育数学学会（全名是“中国高等教育学会教育数学专业委员会”）的诞生。此后每年举行一次教育数学年会，交流为教育而改进数学的心得。这本书先后由三家出版社出版，从此面积方法在国内被编入多种奥数培训读物。师范院校的教材《初等几何研究》（左铨如、季素月编著，上海科技教育出版社1991年出版）中详细介绍了系统面积方法的基本原理。已故的著名数学家和数学教育家，西南师大陈重穆教授在主持编写的《高效初中数学实验教材》中，把面积方法的两个基本工具“共边定理”和“共角定理”作为重要定理，教学实验效果很好。1993年，四川都江教育学院刘宗贵老师根据此书中的想法编写的教材《非ε语言一元微积分学》在贵州教育出版社出版。在教学实践中效果明显，后来还发表了论文。此后，重庆师范学院陈文立先生和广州师范学院萧治经先生所编写的微积分教材，也都采用了此书中提出的“非ε语言极限定义”。

10多年之后，受林群先生研究工作的启发带动，我重启了关于微积分教学改革的思考。文集中有关不用极限的微积分的内容，是2005年以来的心得。这方面的见解，得到著名数学教育家张奠宙先生的首肯，使我坚定了投入教学实践的信心。我曾经在高中尝试过用5个课时讲不用极限的微积分初步。又在南方科技大学试讲，用 16 个课时不用极限讲一元微积分，严谨论证了所有的基本定理。初步实验的，效果尚可，系统的教学实践尚待开展。

也是在 2005 年后，自己对教育数学的具体努力方向有了新的认识。长期以来，几何教学是国际上数学教育关注的焦点之一，我也因此致力于研究更为简便有力的几何解题方法。后来看到大家都在删减传统的初等几何内容，促使我作战略调整的思考，把关注的重点从几何转向三角。2006 年发表了有关重建三角的两篇文章，得到张奠宙先生热情的鼓励支持。这方面的想法，就是《一线串通的初等数学》一书的主要内容。书里面提出，初中一年级就可以学习正弦，然后以三角带动几何，串联代数，用知识的纵横联系驱动学生的思考，促进其学习兴趣与数学素质的提高。初一学三角的方案可行吗？宁波教育学院崔雪芳教授先吃螃蟹，做了一节课的反复试验。她得出的结论是可行！但是，学习内容和国家教材不一致，统考能过关吗？做这样的教学实验有一定风险，需要极大的勇气，也要有行政方面的保护支持。2012 年，在广州市科协开展的“千师万苗工程”支持下，经广州海珠区教育局立项，海珠实验中学组织了两个班的初中全程的实验。两个实验班有 105 名学生，入学分班平均成绩为 62 分和 64 分，测试中有三分之二的学生不会作三角形的钝角边上的高，可见数学基础属于一般水平。实验班由一位青年教师张东方负责备课讲课。她把《一线串通的初等数学》的内容分成 5 章 92 课时，整合到人教版初中数学教材之中。整合的结果节省了 60 个课时，5 个学期内不仅讲完了按课程标准 6 个学期应学的内容，还用书中的新方法从一年级下学期讲正弦和正弦定理，以后陆续讲了正弦和角公式，余弦定理这些按常规属于高中课程的内容。教师教得顺利轻松，学生学得积极愉快。其间经历了区里的 3 次期末统考，张东方老师汇报的情况如下：

从成绩看效果

期间经过三次全区期末统考。实验班学生做题如果用了教材以外的知识，必须对所用的公式给出推导过程。在全区 80 个班级中，实验班的成绩突出，比区平均分高很多。满分为 150 分，实验一班有 4 位同学获满分，其中最差的个人成绩 120 多分。

	实验 1 班平均分	实验 2 班平均分	区平均分	全区所有班级排名
七年级下期末	140	138	91	第一名和第八名
八年级上期末	136	133	87.76	第一名和第五名
八年级下期末	145	141	96.83	第一名和第三名

这样的实验效果是出乎我意料的。目前，广州市教育研究院正在总结研究经验，并组织更多的学校准备进行更大规模的教学实验。

科普作品，以“普”为贵。科普作品中的内容若能进入基础教育阶段的教材，被社会认可为青少年普遍要学的知识，就普得不能再普了。当然，一旦成为教材，科普书也就失去了自己作为科普的意义，只是作为历史记录而存在。这是作者的希望，也是多年努力的目标。

文集编辑工作即将完成之际，湖北科学技术出版社刘虹老师建议我写个总序。我从记忆中检索出一些与文集中某些内容有关的往事杂感，勉强塞责。书中不当之处，欢迎读者指正。

湖北科学技术出版社何龙社长和谢俊波主任热心鼓励我出版文集；还有华中师范大学国家数字化学习工程中心彭翕成老师（《绕来绕去的向量法》作者之一，该书中绝大多数例题和题解由他提供）为文集的出版付出了辛勤劳动，在此谨表示衷心的感谢。

张景中

2017 年 4 月

目录

MULU

开　篇

计算面积是最古老的数学问题之一. 但如何计算任意曲线包围的面积,直到 17 世纪初还是数学家面前的难题.

老问题没完全解决,新问题又层出不穷.

求作任意曲线的切线,求任意曲线的长度,这是来自几何的问题.

求变速运动物体的速度,求物体的重心,求液体对物体表面的压力,这是来自物理的问题.

判断各种函数的增减,求函数的最大值和最小值,这些问题既来自几何,又来自物理,也来自生活、工商业和许多科技领域,更是数学理论发展的需求.

数学历史上戏剧性的一幕出现了:微积分的创建,为上面几大类问题提供了巧夺天工的统一解决方案.

这是科学的大丰收,是人类精神的伟大胜利!

这场伟大胜利,奠基于无穷小方法或极限理论的建立与发展. 学习微积分就要先学极限,似乎已成定论.

无穷小方法或极限理论的繁琐,使微积分成为艰深的学问.

历史上一些数学大师相信，不借助于无穷小方法或极限理论也能把微积分说清楚.拉格朗日为此写出其名著《解析函数论》.但他们的愿望一直未能实现.能严谨而简明地说清楚微积分的著作，因而长期未见出现.

我国数学家林群十几年来倡导微积分的改革，在此方向孜孜以求.他所撰写的《微积分快餐》(科学出版社，2009)、《微积分减肥快跑》(科学普及出版社，2011)等书，开创了绕过极限运算直接推导出微积分公式的新路.本书则通过另一思路，试图实现拉格朗日等大师的梦想.

第1讲

探求瞬时速度大师引入导数

有句古话，叫做“强弩之末势不能穿鲁缟”. 字面上是说射出的箭尽管开始很有力，也就是很快，但后来速度会慢下来，到了射程之末连细绢也穿不透了. 当然，这是由于空气阻力的作用.

其实，强弩之末速度到底如何，还要具体分析. 如果从高高的城门楼上射下来，像三国演义里陈宫向曹操射的一箭，由于重力，箭会越来越快；如果从下向上“弯弓射大雕”，初速再大，也会越高越慢；到了最高处回头下落，又会越来越快.

总之，箭的运动速度时时刻刻在变化，这在物理上叫做非匀速运动. 求非匀速运动物体每时每刻的速度，是物理学家关心的问题.

意大利物理学家伽利略(G. Galilei，1564—1642)研究了重力作用下物体的运动规律. 他经过反复实验，总结出小球在光滑斜面上滚下的距离 S 和所用的时间 t 之间有函数关系 $S=S(t)=at^2$，这个式子叫做小球的运动方程. 其中系数 a 和斜面坡度以及计量单位有关.

有了运动方程，在时间段 $[u,v]$ 上小球滚过的距离很好算，就是 $S(v)-S(u)=av^2-au^2$. 滚过这段距离的时间是 $v-u$，于是在时间区间 $[u,v]$ 上小球的平均速度

就是

$$V_p=\frac{S(v)-S(u)}{v-u}$$

$$=\frac{av^2-au^2}{v-u}$$

$$=a(u+v). \qquad (1-1)$$

知道了任意时间段上的平均速度,如何求任一时刻的速度,即所谓瞬时速度呢?

伽利略没能解决这个问题.他遭遇到了概念上的困难.

要算速度,就要知道物体在一段时间走过的距离.只看一个时刻,时间和走过的距离都等于0,通常的速度概念失去了意义!

英国科学家牛顿(Isaac Newton,1642—1727)设想,如果在(1—1)中让时刻v越来越接近u,即让时间区间缩小到非常非常接近于0,则右端的$a(u+v)$越来越接近$2au$.所以时刻$t=u$的瞬时速度应当是$2au$.

例如,自由落体开始下落t秒时经过的距离为$\frac{1}{2}gt^2$,即$a=\frac{g}{2}$,这里$g=9.8$ (m/s^2)是重力加速度,易算出下落3秒时其瞬时速度为29.4(m/s).这和物理学中按能量守恒定律算出来的结果一致.

为了强调要计算的是时刻$t=u$处的瞬时速度,记$v-u=h$,从而$v=u+h$,于是(1—1)成为

$$V_p=\frac{S(u+h)-S(u)}{h}$$

$$=\frac{a(u+h)^2-au^2}{h}$$

$$=\frac{2auh+ah^2}{h}$$

$$=2au+ah. \qquad (1-2)$$

从上面的等式容易看出,不论h是正是负,当它无限接近于0时,平均速度V_p

$=\dfrac{a(u+h)^2-au^2}{h}=2au+ah$ 就会无限接近于 $2au$. 因此，认为 $2au$ 是时刻 $t=u$ 的瞬时速度，直观上看是合理的.

能不能简单点，干脆在(1—2)中取 $h=0$ 呢？仔细看看，不行！原来 h 在等式中还要充当分母，所以不能为 0，只能接近于 0. 多么接近于 0 都可以，就是不能等于 0.

"当 h 无限接近于 0 时，$\dfrac{a(u+h)^2-au^2}{h}$ 就会无限接近于 $2au$"这句话，用现代数学的极限符号表示，就是

$$\lim_{h\to 0}\frac{a(u+h)^2-au^2}{h}=2au. \tag{1—3}$$

这个式子读作"当 h 趋于 0 时，$\dfrac{a(u+h)^2-au^2}{h}$ 的极限为 $2au$"，或简单地说"当 h 趋于 0 时，$\dfrac{a(u+h)^2-au^2}{h}$ 趋于 $2au$".

牛顿这样得出的答案，数学上不够严谨，当时引起了怀疑和争论.

怀疑这个方法的人问：让 h 无限接近 0，接近到什么程度呢？如果 $h\neq 0$，就只能得到平均速度而非瞬时速度；如果 $h=0$，以它为分母的分式就失去了意义！

在长达 150 多年间，数学家说不清极限概念，无法回答质疑.

尽管道理说不清，一大批出色的数学家仍然沿着牛顿的思路前进，解决了科学技术中提出的大量问题，取得了辉煌的成果.

直到 19 世纪 20～70 年代，经过柯西(A. L. Cauchy，1789—1851)、魏尔斯特拉斯(K. Weierstrass，1815—1897)、戴德金(R. Dedekind，1831—1916)、康托(G. Cantor，1845—1918)等一批卓越的数学家的工作，才建立了严谨的极限概念和理论，为微积分打下了坚实的数学基础.

运动方程 $S(t)$ 是一般函数 $f(x)$ 的特例. 举一反三，把平均速度的表达式 $\dfrac{S(v)-S(u)}{v-u}$ 里的路程 $S(v)$ 和 $S(u)$ 换成一般函数值 $f(v)$ 和 $f(u)$，得到的比值

$\frac{f(v)-f(u)}{v-u}$叫做 $f(x)$在区间$[u,v]$上的“平均变化率”，这是我国近年来中学教材上的说法. 按国内外数学书刊上通常的术语，这个比值叫做函数 $f(x)$在 u 和 v 两点的“差商”(quotient of difference). 这个词不但简单，而且具体明确：它是两点处函数值的差除以自变量的差所得的商. 有些书上差商也叫“增量比”，所谓增量就是差，比就是商.

在 $y=f(x)$的曲线上取两点 $A(u,f(v))$和 $B(v,f(v))$，差商$\frac{f(v)-f(u)}{v-u}$就是直线 AB 的斜率，如图 1—1.

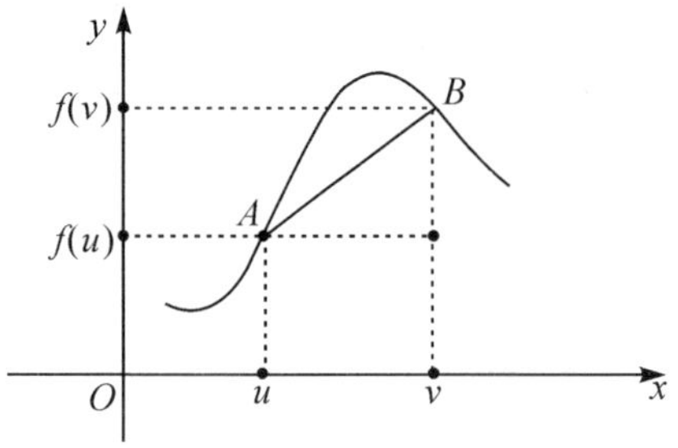

图 1—1　差商的几何意义

将牛顿关于瞬时速度的想法一般化，引出一个重要的定义.

定义 1　设函数 $y=f(x)$在包含点 u 的某个区间上有定义. 如果在 h 趋于 0 的过程中差商$\frac{f(v)-f(u)}{v-u}=\frac{f(u+h)-f(u)}{h}$趋于一个确定的数 A，这个数就叫做函数 $f(x)$在点 $x=u$ 处的微商或导数，记作$f'(u)=A$ 或 $y'|_{x=u}=A$，并且称 $f(x)$在点 $x=u$ 处可导；$f'(u)=A$ 也叫 $f(x)$在点 $x=u$ 处的瞬时变化率.

如果 $y=f(x)$在区间 I 的每个点 x 处都有导数 $f'(x)$，称 $f(x)$在区间 I 可导或点点可导，这时 $f'(x)$(简单记作 y')也是在区间 I 上有定义的函数，也叫做 $f(x)$在区间 I 上的导函数，用极限记号表达为

$$\lim_{h\to 0}\frac{f(u+h)-f(u)}{h}=f'(u).\tag{1—4}$$

简单地说，当分母趋于 0 时若差商有极限，这极限叫做导数.

差商的分母 $v-u$ 是函数 $y=f(x)$ 的自变量的改变量，常记作 Δx，分子 $f(v)-f(u)$ 是函数值的改变量，常记作 Δy，所以差商常常用符号 $\frac{\Delta y}{\Delta x}$ 表示. 微积分早期的数学家认为，Δy 和 Δx 在取极限的过程中分别转化为 $\mathrm{d}y$ 和 $\mathrm{d}x$，所以也用 $\frac{\mathrm{d}y}{\mathrm{d}x}$ 或 $\frac{\mathrm{d}f(x)}{\mathrm{d}x}$ 表示导数 $f'(x)$. 现在，记号 $\mathrm{d}y$ 和 $\mathrm{d}x$ 已经有了更严谨准确的含意，如后面第 12 讲所述.

下面试试来算几个函数的导数.

命题 1.1 常数函数 $f(x)=C$ 的导数为 0，即 $C'=0$.

这是因为其差商 $\frac{f(u+h)-f(u)}{h}=\frac{C-C}{h}=0$，当 h 趋于 0 时它保持为 0，即无限接近于 0.

注意，当我们说"当 h 趋于 0 时 $\frac{f(u+h)-f(u)}{h}$ 趋于数 a"时，h 不能等于 0 而 $\frac{f(u+h)-f(u)}{h}$ 可以等于数 a. 也就是说，两个"趋于"含意有所不同. 前一个"趋于"含意是无限接近但不等于，后一个"趋于"含意是无限接近但不排斥等于的可能. 道理很清楚，因为 h 承担了分母的任务.

命题 1.2 一次函数 $f(x)=k\cdot x+c$ 的导数为常数 k，即 $(k\cdot c+C)'=k$.

证明 差商

$$\frac{f(u+h)-f(u)}{h}=\frac{k\cdot(u+h)+C-(k\cdot u+C)}{h}=\frac{k\cdot h}{h}=k.$$

可见当 h 趋于 0 时它保持为 k，即无限接近于 k.

命题 1.3 对任意常数 a、k 和 C 取 $g(x)=a\cdot f(x)+k\cdot x+C$，则当 $f(x)$ 可导时 $g(x)$ 也可导，且

$$g'(x)=(f(x)+k\cdot x+C)'=a\cdot f'(x)+k. \tag{1-5}$$

证明 计算 $g(x)$ 的差商可得 $\frac{g(x+h)-g(x)}{h}=a\cdot\frac{f(x+h)-f(x)}{h}+k$. 当 h

趋于 0 时$\frac{f(x+h)-f(x)}{h}$趋于 $f'(x)$，故左端趋于 $a\cdot f'(x)+k$.

在上述命题中取特款，得到两个常用的计算导数的法则.

命题 1.4 (i)若 $f(x)-g(x)$为常数，则 $g'(x)=f'(x)$；

(ii)若 $g(x)=a\cdot f(x)$，而 a 为常数，则 $g'(x)=a\cdot f'(x)$.

命题 1.5 在$(-\infty,+\infty)$上有$(x^2)'=2x$.

这是前面求瞬时速度时计算过的题目，温习一下.

命题 1.6 当 $x\neq 0$ 时，有$\left(\frac{1}{x}\right)'=-\frac{1}{x^2}$.

证明 计算 $f(x)=\frac{1}{x}$在 $x=u\neq 0$ 和 $u+h\neq 0$ 处的差商得

$$\frac{f(u+h)-f(u)}{h}=\frac{1}{h}\left(\frac{1}{u+h}-\frac{1}{u}\right)=\frac{-1}{(u+h)u}=\frac{-1}{u^2}+\frac{h}{u^2(u+h)}. \qquad (1-6)$$

当 h 趋于 0 时右端是不是趋于$\frac{-1}{u^2}$呢？这一眼看不出来. 当$|h|$很小很小时，右端的$\frac{h}{u^2(u+h)}$是不是非常非常接近于 0 呢？你如果直观上相信当 h 趋于 0 时右端确实趋于$\frac{-1}{u^2}$，就跳过下面的分析去看下一个命题. 如果怀疑，就仔细看看.

比如，当$|h|$很小很小时，能不能使得$\left|\frac{h}{u^2(u+h)}\right|<0.001$ 呢？

若$|h|$小得满足$|h|<|0.2u|$，则$|u+h|>|0.5u|$，从而$\left|\frac{h}{u^2(u+h)}\right|<\left|\frac{h}{0.5u^3}\right|$. 想要$\left|\frac{h}{u^2(u+h)}\right|<0.001$，只要$|h|<|0.0005u^3|$和$|h|<|0.2u|$同时成立即可.

类似推理可知，只要$|h|$足够小，$\left|\frac{h}{u^2(u+h)}\right|$还可以小于 0.0001，小于 0.0000001，小于0.0000000001，总之要多小就能够有多小.

命题 1.7 当 $x>0$ 时，有$(\sqrt{x})'=\frac{1}{2\sqrt{x}}$.

证明 计算 $f(x)=\sqrt{x}$在 $x=u>0$ 和 $u+h>0$ 处的差商得

$$\frac{f(u+h)-f(u)}{h}=\frac{\sqrt{u+h}-\sqrt{u}}{h}=\frac{h}{h(\sqrt{u+h}+\sqrt{u})}=\frac{1}{\sqrt{u+h}+\sqrt{u}}. \tag{1-7}$$

当 h 趋于 0 时右端趋于$\frac{1}{2\sqrt{u}}$,命题得证.

如果不相信,辛苦一下详细写出

$$\begin{aligned}\left|\frac{1}{2\sqrt{u}}-\frac{1}{\sqrt{u+h}+\sqrt{u}}\right|&=\frac{|\sqrt{u+h}-\sqrt{u}|}{2\sqrt{u}(\sqrt{u+h}+\sqrt{u})}\\&=\frac{|h|}{2\sqrt{u}(\sqrt{u+h}+\sqrt{u})^2}<\frac{|h|}{2u\sqrt{u}}.\end{aligned}$$

这就真相大白了.

例题 1—1 求二次函数 $y=x^2-5x+6$ 的导数,并在一个坐标系中作出此函数及其导函数的图像.

解 应用命题 1.5 和 1.3 得到 $y'=2x-5$,图像如图 1—2.

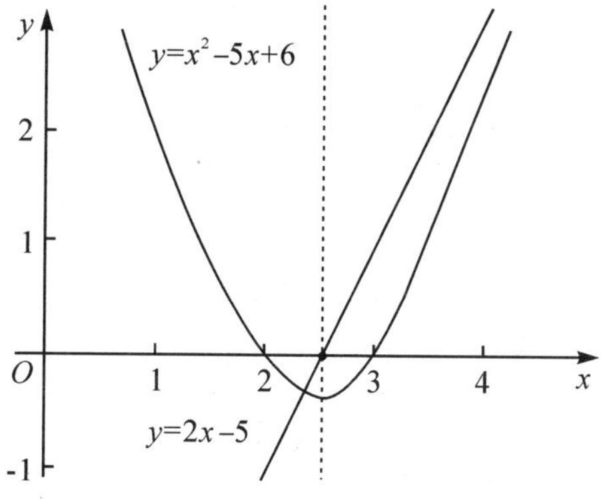

图 1—2 二次函数及其导函数图像

例题 1—2 利用命题 1.7 的结果,求$\sqrt{10}$的近似值.

解 命题 1.7 的结果为$(\sqrt{x})'=\frac{1}{2\sqrt{x}}$. 由于当 h 接近 0 时差商接近导数,故

$\frac{\sqrt{u+h}-\sqrt{u}}{h}\approx\frac{1}{2\sqrt{u}}$. 取 $u=9$ 和 $h=1$ 得 $\sqrt{10}-\sqrt{9}\approx\frac{1}{2\sqrt{9}}=\frac{1}{6}$,于是得 $\sqrt{10}\approx3.167$.

习题 1—1 应用命题 1.1 至 1.7,计算下列函数的导数,并作出各函数及其导数的图像.

(i) $y=3+4x-2x^2$;

(ii) $y=\dfrac{3}{x}+\dfrac{x}{3}-2(x\neq 0)$;

(iii) $f(x)=2\sqrt{x}-3(x>0)$;

(iV) $g(x)=(\sin\sqrt{x})^2+(\cos\sqrt{x})^2+3x(x>0)$.

习题 1—2 利用命题 1.7 的结果估计$\sqrt{5}$的近似值.

第2讲

应用均值属性学子另辟蹊径

数学解题提倡一题多解. 寻找平均速度与瞬时速度的关系，还有没有别的思路呢？

现在请你合上书想想，平均速度与瞬时速度有何关系？

这可是一个挑战性的问题. 几百年来，甚至可以说两千多年间，无数杰出的数学家中，只有牛顿给出了一种解答. 而且是数学上说不清的解答. 为了说清楚这个解答，数学家继续思考了150多年.

现在希望一题多解.

我们问，还有没有第二种解答？

如果你希望自己把答案想出来，就收起书，把问题放在心里，也许你几分钟就想出来了，也许要用你几年. 爱因斯坦上中学的时候，曾经用三个星期的时间独立思考，自己证明了勾股定理.

当然，成功的路不止一条，不一定要学爱因斯坦. 如果你等不得，就看下去.

瞬时速度有时比平均速度大，有时比平均速度小. 当然，匀速运动的情形两者相等.

总体均值在某两个局部均值之间，这是平均值的基本属性. 如果全班的一次考试成绩平均 80 分，一定有高于 80 分的同学，也有低于 80 分的同学，除非人人都是 80 分！

如果你刚才没有想到这一点，可能是因为它太平凡太简单了. 数学家几百年来都忽略了这个平凡的道理. 你如果想不到也很正常.

如果想到了这一点，祝贺你！走向微积分殿堂的另一条通道在你面前打开了.

把这个想法用于(1—1)式，在 $a=1$ 时，看出平均速度 $u+v$ 满足不等式

$$2u<\frac{v^2-u^2}{v-u}=u+v<2v, \tag{2—1}$$

也得到了表达式 $2u$ 或 $2v$！

在(2—1)中没有任何可怀疑之处. 但作为一个数学方法，它的严谨性和有效性有待检验. 毕竟(1—3)经历过几个世纪的风风雨雨，而(2—1)则是呱呱落地的柔弱的婴儿！

从平凡的(2—1)出发如何继续前进？它和牛顿的天才思路(1—3)有什么联系？这是我们要继续思考探索的问题.

把原始的思路提炼成数学语言，才能深入，才能发展.

对于非匀速运动，"瞬时速度有时比平均速度大，有时比平均速度小". 用数学语言如何表达这个想法呢？

仍用函数 $S=S(t)$ 表示运动方程，设时刻 t 的瞬时速度为 $V(t)$. 于是，"瞬时速度有时大于等于平均速度，有时小于等于平均速度". 用数学语言来表达，就是

在 $[u,v]$ 上有点 p 和 q 满足不等式

$$V(p)\leqslant\frac{S(v)-S(u)}{v-u}\leqslant V(q). \tag{2—2}$$

注意，我们现在还不知道瞬时速度的数学定义. 但从物理直观看来，运动物体有瞬时速度，并和平均速度之间有上述关系，

不等式(2—2)中用"小于等于"的不等号，这把匀速运动的情形也包括在内了.

这个不等式描述的是两个函数 $S(t)$ 和 $V(t)$ 之间的关系. 举一反三，把概念一般化，得到下面的定义.

定义 2 （甲函数和乙函数）设函数 $F(x)$和 $f(x)$都在数集 S 上有定义，若对 S 中的任意两点 $u<v$，总有$[u,v]\cap S$ 中的 p 和 q，使有不等式

$$f(p)\leqslant\frac{F(v)-F(u)}{v-u}\leqslant f(q) \tag{2-3}$$

成立，则称 $F(x)$是 $f(x)$在数集 S 上的甲函数，$f(x)$是 $F(x)$在数集 S 上的乙函数（注意在(2—3)中不排斥 $p=q$ 的情形）.

用不等式(2—3)可以估计 $F(x)$的差商，故称“估值不等式”.

通常数集 S 是某个区间，但在定义中不限于区间，例如，数集 S 可能是有理数集或正整数集.

如图 2—1，在函数 $y=F(x)$的曲线上取两个点 $A=(u,F(u))$和 $B=(v,F(v))$. 如前所述，割线 AB 的斜率是 $F(x)$在$[u,v]$上的差商$\frac{F(v)-F(u)}{v-u}$. 设曲线上横坐标 $x=p$ 的点 E 处的切线的斜率为 $k(p)$. 直观上看 $k(p)$有时大于割线的斜率，有时小于割线的斜率. 把切线的斜率看成切点横坐标 x 的函数 $k=k(x)$，按定义它是 $y=F(x)$的乙函数.

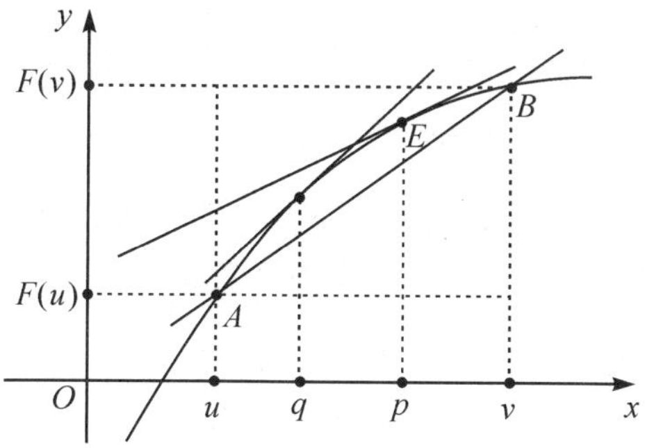

图 2—1　割线斜率在两切线斜率之间

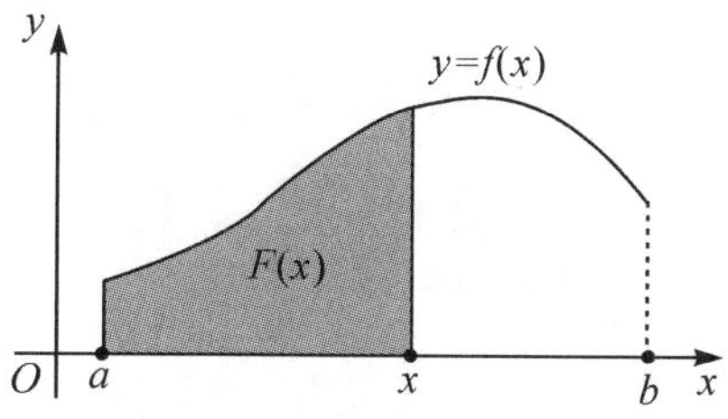

图 2—2　曲线下面积随 x 变化构成函数

再看图 2－2. 将函数 $f(x)$ 的曲线和 x 轴之间在 $[a,x]$ 上方的这块曲边梯形面积记作 $F(x)$. 则图 2－3 中 $[u,v]$ 上这块曲边梯形面积为 $F(v)-F(u)$. 如果把这块曲边梯形面积去高补低折合成长为 $v-u$ 的矩形，则矩形的宽 $\frac{F(v)-F(u)}{v-u}$ 应当在 $f(x)$ 在 $[u,v]$ 上的某两个函数值 $f(p)$ 和 $f(q)$ 之间. 这表明 $f(x)$ 是 $F(x)$ 的乙函数.

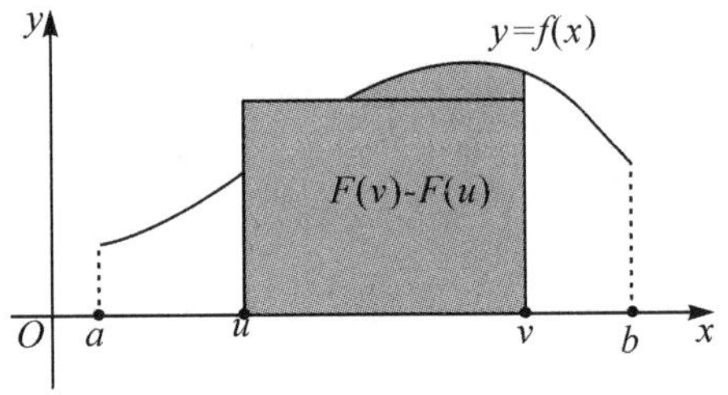

图 2－3　矩形的高在 $f(x)$ 的某两个函数值之间

从这些直观描述的例子看，甲乙函数的概念不但有鲜明的物理意义，而且有丰富的几何意义.

从数学本身看，不等式(2－3)提供了估计函数 $F(x)$ 的差商的手段，函数的性质和差商有密切关系. 差商为 0，$F(x)$ 就是常数；差商为非零常数，$F(x)$ 就是一次函数；差商为正，则 $F(x)$ 递增；差商为负，则 $F(x)$ 递减；差商非正，则 $F(x)$ 不增；差商非负，则 $F(x)$ 不减；掌握了差商的性质，对函数的性质也就了若指掌. 但是差商的表达式涉及两个变元，一般说比较复杂. 如果能够用较为简单的一元函数来估计差商，当然很好. 这个用来估计 $F(x)$ 的差商的函数，就是 $F(x)$ 的乙函数.

乙函数如此重要，下面就来尝试计算常见函数的乙函数.

命题 2.1　求常数函数 $f(x)=C$ 的一个乙函数.

证明　对 $[u,v]$ 上任两点 p 和 q 总有 $\frac{f(v)-f(u)}{v-u}=\frac{C-C}{v-u}=0$，所以恒为零的函数是常数函数 $f(x)=C$ 的一个乙函数.

命题 2.2　求一次函数 $f(x)=k\cdot x+C$ 的乙函数.

证明　对 $[u,v]$ 上任两点 p 和 q 总有 $\frac{f(v)-f(u)}{v-u}=k$，即常数函数 $c(x)=k$ 是

$f(x)=k\cdot x+C$ 的乙函数.

命题 2.3 (i)若 $E(x)$ 是 $f(x)$ 在 S 上的乙函数. 对任意常数 a、k 和 C 取 $g(x)=a\cdot f(x)+k\cdot x+C$,则 $a\cdot E(x)+k$ 是 $g(x)$ 的乙函数;

(ii)若 $E(x)$ 是 $f(x)$ 在 S 上的乙函数. 对任意常数 C 取 $g(x)=f(x+C)$,并记 $S_1=\{x|x+C\in S\}$,则 $E(x+C)$ 是 $g(x)$ 在 S_1 上的乙函数;

(iii)若 $E(x)$ 是 $f(x)$ 在 S 上的乙函数. 对任意 $k\neq 0$ 取 $g(x)=f(k\cdot x)$,并记 $S_1=\{x|k\cdot x\in S\}$,则 $k\cdot E(k\cdot x)$ 是 $g(x)$ 在 S_1 上的乙函数.

证明 (i)因 $E(x)$ 是 $f(x)$ 在 S 上的乙函数,对 S 中的任意两点 $u<v$,总有$[u,v]\cap S$ 中的 p 和 q,使有

$$E(p)\leqslant\frac{f(v)-f(u)}{v-u}\leqslant E(q). \tag{2-4}$$

将(2-4)乘以 a 再加 k,当 $a\geqslant 0$ 时有

$$\begin{aligned}a\cdot E(p)+k&\leqslant\frac{g(v)-g(u)}{v-u}=\frac{a\cdot(f(v)-f(u))}{v-u}+k\\&\leqslant a\cdot E(q)+k;\end{aligned} \tag{2-5}$$

当 $a\leqslant 0$ 时有

$$\begin{aligned}a\cdot E(p)+k&\geqslant\frac{g(v)-g(u)}{v-u}=\frac{a\cdot(f(v)-f(u))}{v-u}+k\\&\geqslant a\cdot E(q)+k;\end{aligned} \tag{2-6}$$

按定义 $a\cdot E(x)+k$ 是 $g(x)$ 的乙函数.

(ii)对 S_1 中任意两点 $u<v$,记 $u_1=u+C$ 和 $v_1=v+C$,则 u_1 和 v_1 在 S 中,故有$[u_1,v_1]\cap S$ 中的两点 p_1 和 p_2 使 $E(p_1)\leqslant\dfrac{f(v_1)-f(u_1)}{v_1-u_1}\leqslant E(q_1)$,记 $p=p_1-C$ 和 $q=q_1-C$,注意到 $f(v_1)=f(v+C)=g(v)$ 和 $f(u_1)=f(u+C)=g(u)$,便得

$$E(p+C)\leqslant\frac{g(v)-g(u)}{v-u}\leqslant E(q+C),$$

这证明 $E(x+C)$ 是 $g(x)$ 在 S_1 上的乙函数.

(iii)类似于(ii),对 S_1 中任意两点 $u<v$,记 $u_1=k\cdot u$ 和 $v_1=k\cdot v$,则 u_1 和 v_1

在 S 中，故有 $[u_1,v_1]\cap S$（或 $[v_1,u_1]\cap S$，视 k 为正或负而定）中的两点 p_1 和 p_2，使 $E(p_1)\leqslant\dfrac{f(v_1)-f(u_1)}{v_1-u_1}\leqslant E(q_1)$，记 $p=\dfrac{p_1}{k}$ 和 $q=\dfrac{q_1}{k}$，注意到 $f(v_1)=f(k\cdot v)=g(v)$ 和 $f(u_1)=f(k\cdot u)=g(u)$，便得

$$E(k\cdot p)\leqslant\frac{g(v)-g(u)}{k(v-u)}\leqslant E(k\cdot q),$$

从而 $\dfrac{g(v)-g(u)}{v-u}$ 在 $k\cdot E(k\cdot p)$ 与 $k\cdot E(k\cdot q)$ 之间，这证明 $k\cdot E(k\cdot x)$ 是 $g(x)$ 在 S_1 上的乙函数.

命题获证.

在上述命题中取特款和简单推论，得到常用的求乙函数的法则：

命题 2.4 (i)若 $f(x)-g(x)$ 为常数，则 $g(x)$ 和 $f(x)$ 有相同的乙函数；

(ii)若 $E(x)$ 是 $f(x)$ 的乙函数，$g(x)=a\cdot f(x)$ 而 a 为常数，则 $a\cdot E(x)$ 是 $g(x)$ 的乙函数；

(iii)若 $E(x)$ 是 $f(x)$ 在 S 上的乙函数，$g(x)=f(k\cdot x+C)$ 而 $k\neq 0$，$S_1=\{x|(k\cdot x+C)\in S\}$，则 $k\cdot E(k\cdot x+C)$ 是 $g(x)$ 在 S_1 上的乙函数.

命题 2.5 求 $f(x)=x^2$ 的乙函数.

证明 令 $g(x)=2x$，$p=q=\dfrac{u+v}{2}\in[u,v]$，则

$$g(p)=\frac{f(v)-f(u)}{v-u}=\frac{v^2-u^2}{v-u}=u+v=g(q). \tag{2-7}$$

这表明 $g(x)=2x$ 是 $f(x)=x^2$ 的乙函数.

当然，也可以取 $p=u$ 和 $q=v$，由 $2u<u+v<2v$ 表明 $g(x)=2x$ 是 $f(x)=x^2$ 的乙函数.

命题 2.6 在 $(-\infty,0)$ 和 $(0,+\infty)$ 上求 $f(x)=\dfrac{1}{x}$ 的乙函数.

证明 当 $0<u<v$ 时有

$$\frac{-1}{u^2}\leqslant\frac{f(v)-f(u)}{v-u}=\frac{1}{(v-u)}\left(\frac{1}{v}-\frac{1}{u}\right)=\frac{-1}{u\cdot v}\leqslant\frac{-1}{v^2}. \tag{2-8}$$

取 $p=u$ 和 $q=v$ 可见 $g(x)=-\frac{1}{x^2}$是 $f(x)=\frac{1}{x}$在$(0,+\infty)$上的乙函数；

当 $u<v<0$ 时有

$$\frac{-1}{v^2}\leqslant\frac{f(v)-f(u)}{v-u}=\frac{1}{(v-u)}\left(\frac{1}{v}-\frac{1}{u}\right)=\frac{-1}{u\cdot v}\leqslant\frac{-1}{u^2}. \tag{2-9}$$

取 $p=v$ 和 $q=u$ 可见 $g(x)=-\frac{1}{x^2}$是 $f(x)=\frac{1}{x}$在$(-\infty,0)$上的乙函数.

命题 2.7 求 $f(x)=\sqrt{x}$在$(0,+\infty)$上的乙函数.

证明 计算 $f(x)=\sqrt{x}$在正数 $u<v$ 处的差商得

$$\frac{1}{2\sqrt{v}}\leqslant\frac{f(v)-f(u)}{v-u}=\frac{\sqrt{v}-\sqrt{u}}{v-u}=\frac{1}{\sqrt{v}+\sqrt{u}}\leqslant\frac{1}{2\sqrt{u}}. \tag{2-10}$$

取 $p=v$ 和 $q=u$ 可见 $g(x)=\frac{1}{2\sqrt{x}}$是 $f(x)=\sqrt{x}$在$(0,+\infty)$上的乙函数.

命题 2.8 数列 $a_n=a(n)(n=0,1,2,\cdots)$可以看成定义域为自然数集的函数，其前 $n+1$ 项之和 $S_n=S(n)=\sum\limits_{k=0}^{n}a_k$ 也是定义域为自然数集的函数. 则 $a(n)$是 $S(n)$的乙函数.

证明 对于任意两个自然数 $n<m$,有

$$S(m)-S(n)=\sum_{k=n+1}^{m}a_k;$$

设$\{a_n,a_{n+1},\cdots,a_m\}$中最小者为 a_p,最大者为 a_q(两者可能相等),则

$$a_p=\frac{(m-n)a_p}{m-n}\leqslant\frac{S(m)-S(n)}{m-n}\leqslant\frac{(m-n)a_q}{m-n}=a_q. \tag{2-11}$$

这表明 $a(n)$是 $S(n)$的乙函数.

命题 2.9 设 $g(x)$是 $f(x)$在 S 上的乙函数,$u<v$ 是 S 中的两点,则有

(i)若 $g(x)$在$[u,v]\cap S$ 上恒为 0,则 $f(x)$在$[u,v]\cap S$ 上为常数；

(ii)若 $g(x)$在$[u,v]\cap S$ 上为常数 $k\neq0$,则 $f(x)$在$[u,v]\cap S$ 上为一次函数$k\cdot x+C$;

(iii)若在$[u,v]\cap S$ 上有 $g(x)>0$,则 $f(x)$在$[u,v]\cap S$ 上递增；

若在$[u,v]\cap S$上有$g(x)\geqslant 0$，则$f(x)$在$[u,v]\cap S$上不减；

(iV)若在$[u,v]\cap S$上有$g(x)<0$，则$f(x)$在$[u,v]\cap S$上递减；

若在$[u,v]\cap S$上有$g(x)\leqslant 0$，则$f(x)$在$[u,v]\cap S$上不增.

证明　(i)由条件推出$f(x)$在$[u,v]\cap S$上差商为0，故为常数；

(ii)由条件推出$f(x)$在$[u,v]\cap S$上差商为k，即对$x\in[u,v]\cap S$有$\frac{f(x)-f(u)}{x-u}=k$，从而$f(x)=k\cdot(x-u)+f(u)$；

(iii)由$[u,v]\cap S$上$g(x)>0$和估值不等式推出$f(x)$在$[u,v]\cap S$上差商为正，故递增；

由$[u,v]\cap S$上$g(x)\geqslant 0$和估值不等式推出$f(x)$在$[u,v]\cap S$上差商非负，故不减；

(iV)由$[u,v]\cap S$上$g(x)<0$和估值不等式推出$f(x)$在$[u,v]\cap S$上差商为负，故递减；

由$[u,v]\cap S$上$g(x)\leqslant 0$和估值不等式推出$f(x)$在$[u,v]\cap S$上差商非正，故不增.

将命题2.1到2.7和命题1.1到1.7顺次对比，不难发现乙函数和导数的相似之处.特别是对于函数$k\cdot x+C$、x^2、$\frac{1}{x}$和$\sqrt{x}$来说，乙函数和导数完全相同！

但乙函数和导数又不是完全相同：

第一，函数$F(x)$的导数是在一点$x=u$处定义的，并要求$F(x)$在包含$x=u$的某个区间上有定义；而$F(x)$的乙函数是在$F(x)$的定义域数集S上定义的，S可以不包含区间，如命题2.8；

第二，导数的定义中用到了暂时还说不清楚的自然语言，难以作为严谨推理的基础，乙函数的定义是严谨的数学语言；

第三，由命题2.9可见，根据$F(x)$的乙函数的性质很容易推出$F(x)$的性质；而从$F(x)$的导数的定义却很难看出$F(x)$的性质，要用导数研究函数，需要作更深入的研究；

第四，按定义求函数的乙函数过程很清楚，按定义求函数的导数要借助于直观，费更多的口舌.

"导数正则函数增"是常用的命题，但不容易证明；"乙函数正则函数增"却非常显然！

到此为止，新方法的优势很明显，这样简单的思路在数学发展的悠长岁月里居然没有被发现，是值得深思的有趣的事情！

例题 2—1 求 $f(x)=\frac{x}{2}+\frac{1}{x}$ 在 $(0,+\infty)$ 上的乙函数 $g(x)$，作两个函数的图像，并利用 $g(x)$ 的性质研究 $f(x)$ 的增减性.

解 应用命题 2.6 和 2.3 可知 $g(x)=\frac{1}{2}-\frac{1}{x^2}$ 是 $f(x)$ 的乙函数. 当 $0<x<\sqrt{2}$ 时 $g(x)<0$，当 $x>\sqrt{2}$ 时 $g(x)>0$，由命题 2.9 可知，$f(x)$ 在 $(0,\sqrt{2})$ 递减，在 $(\sqrt{2},+\infty)$ 递增. 如图 2—4.

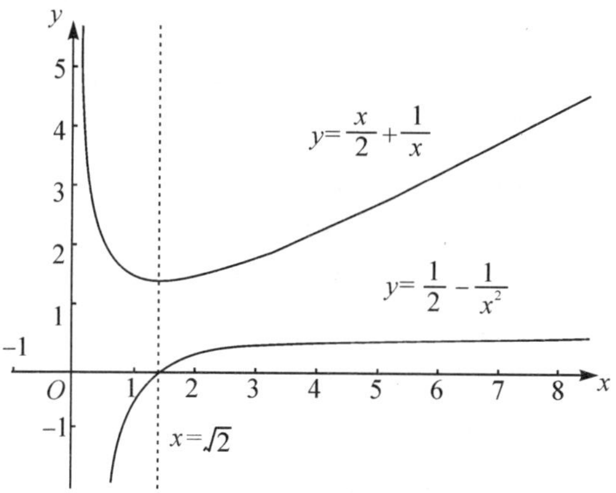

图 2—4 用乙函数的正负判断函数增减

例题 2—2 利用命题 2.7 求 $\sqrt{10}$ 的近似值.

解 在不等式(2—10)中取 $v=10$ 和 $u=9$ 得到

$$\frac{1}{2\sqrt{10}}\leqslant\sqrt{10}-\sqrt{9}\leqslant\frac{1}{2\sqrt{9}}. \tag{2—12}$$

由此得到 $\frac{1}{2\sqrt{10}}-\frac{1}{6}\leqslant\sqrt{10}-\left(3+\frac{1}{6}\right)\leqslant 0$，如果取 $3+\frac{1}{6}\approx 3.167$ 作为 $\sqrt{10}$ 的

近似值，从不等式可知此近似值是过剩近似值，且误差不会超过

$$\left|\frac{1}{2\sqrt{10}}-\frac{1}{6}\right|\leqslant\frac{1}{2}\cdot\frac{\sqrt{10}-3}{3\sqrt{10}}=\frac{1}{6\sqrt{10}(3+\sqrt{10})}<\frac{1}{114}.$$

和例题 1－2 比较，这里的推理更清楚，而且还能够估计近似值的误差.

习题 2－1 求 $f(x)=4\sqrt{x}-x$ 在 $(0,+\infty)$ 上的乙函数 $g(x)$，作两个函数的图像，并利用 $g(x)$ 的性质研究 $f(x)$ 的增减性.

习题 2－2 利用命题 2.1 至 2.7 求下列函数的乙函数.

(i) $y=5-7x+2x^2$；

(ii) $f(x)=\frac{1}{2x}-4x+3(x\neq 0)$；

(iii) $g(x)=5\sqrt{x}-3x+6(x>0)$；

(iV) $y=2\cos^2 x-\cos 2x+\sqrt{x}+1(x>0)$.

习题 2－3 试用定义求 $G(x)=\sqrt{x+1}(x\geqslant -1)$ 的乙函数.

习题 2－4 试用定义求 $f(x)=\frac{x}{1+x}(x\neq -1)$ 的乙函数.

习题 2－5 模仿例题 2－2，取 $u=10$ 和 $v=\left(\frac{19}{6}\right)^2$ 来求 $\sqrt{10}$ 的近似值，并估计其误差.

习题 2－6 设有三个定义于自然数集合上的函数 $a(n)=2n+1$，$b(n)=2n+2$ 和 $S(n)=n^2+2n+4$，根据定义证明 $a(n)$ 和 $b(n)$ 都是 $S(n)$ 的乙函数.

习题 2－7 符号函数 $\operatorname{sgn}(x)$ 的定义为

$$\operatorname{sgn}(x)=\begin{cases}1 & (x>0),\\ 0 & (x=0),\\ -1 & (x<0).\end{cases}$$

试证明它是 $A(x)=|x|$ 的乙函数.

习题 2－8 设 $g(x)$ 是 $f(x)$ 在区间 I 上的乙函数，$u<v$ 是 I 中的两点，求证：

(i)若 $g(x)$ 在 (u,v) 上恒为 0,则 $f(x)$ 在 $[u,v]$ 上为常数;

(ii)若 $g(x)$ 在 (u,v) 上恒为常数 $k\neq 0$,则 $f(x)$ 在 $[u,v]$ 上为一次函数 $k\cdot x+C$;

(iii)若在 (u,v) 上有 $g(x)>0$,则 $f(x)$ 在 $[u,v]$ 上递增;

(iV)若在 (u,v) 上有 $g(x)<0$,则 $f(x)$ 在 $[u,v]$ 上递减.

【关于乙函数的一个注记】 是不是在区间 I 上定义的每个函数都有乙函数呢? 回答是肯定的. 请看下面的例子.

在每个区间上无上界也无下界的函数 在区间 I 上定义函数 $f(x)$:若 x 为无理数,令 $f(x)=0$;若 x 为既约分数 $\frac{q}{p}(p>0)$,令 $f(x)=(-1)^p\cdot p$. 则容易证明,$f(x)$ 在任意长度不为 0 的区间上既无上界也无下界.

显然,这样定义的函数 $f(x)$,它是在区间 I 上定义的每个函数的乙函数! 这样的乙函数无助于了解它的甲函数. 所以下面要对乙函数加上某些限制,使它规规矩矩地为我们服务.

第3讲

作图像切线新概念初试锋芒

作任意曲线上的切线，是古老的几何问题，也是促使微积分诞生的数学问题之一，正如马克思在给恩格斯的一封信中所说："全部微分学本来就是求任意一条曲线上的任何一点的切线."

解析几何的创始人笛卡儿(R. Deacartes，1596—1650)，在1637年提出了作曲线 $y=f(x)$ 的切线的"圆法"，这个方法适用于 $(f(x))^2$ 是多项式的情形，但计算起来比较复杂. 笛卡儿用代数方法研究几何问题，在推动微积分早期发展方面有很大影响. 他的"圆法"，是牛顿走上研究微积分之路的起跑点.

牛顿的老师巴罗(Isaac Barrow，1630—1677)，在1669年出版的《几何讲义》中，提出了作任意曲线切线的"微分三角形"(也叫"特征三角形")方法. "微分三角形"的概念在促使微积分诞生方面有重大影响.

如图3－1，给了曲线 $y=f(x)$ 上一点 $P(u,f(u))$，要作曲线在点 P 处的切线，只要求出切线的斜率. 为此取曲线上另一点 $Q(v,f(v))$ 作割线 PQ 和点 $R(v,f(u))$，巴罗称直角三角形 PQR 为曲线 $y=f(x)$ 在点 P 处的"特征三角形"或"微分三角形". 设切线和 x 轴交于 A，点 P 在 x 轴上的垂足为 B. 巴罗认为当 Q 和 P

非常接近时，即$\triangle PQR$越来越小时，它和$\triangle APB$趋于相似，即割线PQ的斜率趋向于切线斜率.

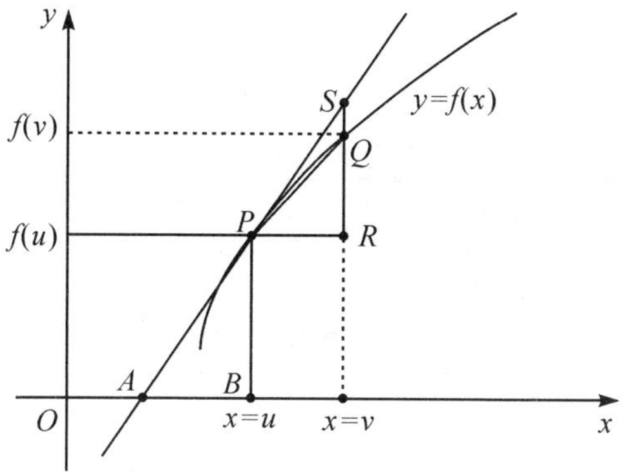

图 3—1　巴罗的微分三角形

注意到割线PQ的斜率正是在第1讲里引进的差商$\dfrac{f(v)-f(u)}{v-u}$，如图1—1所示. 按定义1，当v趋向于u时差商$\dfrac{f(v)-f(u)}{v-u}$如果趋向一个确定的数A，A叫做$f(x)$在$x=u$处的导数.

于是，$f(x)$在$x=u$处的导数，就是曲线$y=f(x)$在点$P(u,f(u))$处的切线的斜率. 这就是导数的几何意义.

例题 3—1　用巴罗方法求抛物线$2y=x^2$在点(2,2)处的切线的斜率.

解　将抛物线方程写成函数形式$y=f(x)=0.5x^2$，取$u=2$，$v=2+h$，$P=(u,f(u))=(2,2)$，$Q=(v,f(v))=(2+h,0.5(2+h)^2)$并计算差商

$$\frac{f(v)-f(u)}{v-u}=\frac{0.5(2+h)^2-2}{h}=\frac{2+2h+0.5h^2-2}{h}=2+0.5h. \quad (3-1)$$

当v趋向于u时，即h趋向于0时，上式右端趋向于2. 因此曲线在点$P(2,2)$处的切线斜率为2. 如图3—2.

若直接应用导数几何意义，求出$f'(x)=0.5(x^2)'=0.5(x^2)'=x$，再将$x=2$代入立得点$P(2,2)$处的切线斜率为$f'(2)=2$. 简单得多.

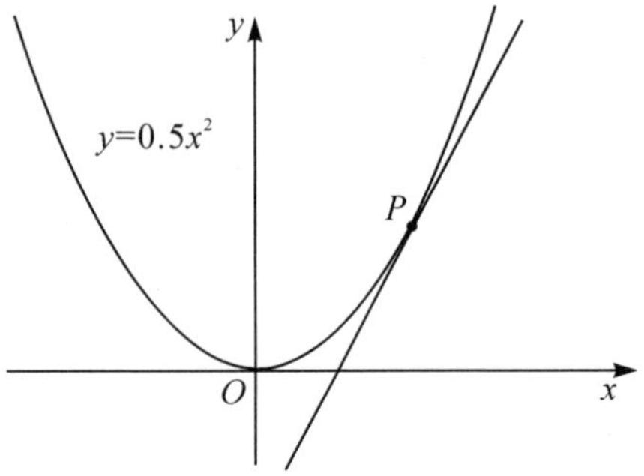

图 3—2　抛物线的切线

例题 3—2　写出过点 $A(3,-1)$ 而与双曲线 $y=f(x)=\dfrac{1}{x}$ 相切的直线的方程.

解　设所求直线与曲线相切于点 $B(u,f(u))$，则直线斜率为 $f'(u)$. 根据直线 AB 斜率意义可得

$$-1-f(u)=f'(u)(3-u). \tag{3—2}$$

将 $f(u)=\dfrac{1}{u}$ 和 $f'(u)=-\dfrac{1}{u^2}$ 代入上式得到关于 u 的方程

$$-1-\frac{1}{u}=-\frac{1}{u^2}(3-u). \tag{3—3}$$

整理后得二次方程 $u^2+2u-3=0$，解得 $u=-3$ 或 $u=1$，即切点可能是 $B\left(-3,-\dfrac{1}{3}\right)$ 或 $B_1(1,1)$；所以满足要求条件的切线有两条，用两点式直线方程写出整理后分别为 $x+y-2=0$ 和 $x+9y+6=0$，如图 3—3.

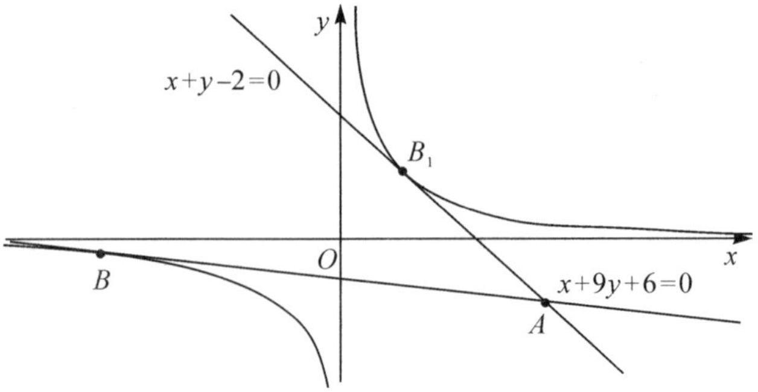

图 3—3　过一点作双曲线的切线

例题 3—3 已知曲线 $y=f(x)=x-6\sqrt{x}+11$ 在点 $P(u,f(u))$ 处的切线的斜率 $k=-\frac{1}{2}$，求此切线与两坐标轴围成的三角形的面积.

解 求导数得 $f'(x)=1-\frac{3}{\sqrt{x}}$，由 $k=-\frac{1}{2}$ 得方程 $f'(u)=1-\frac{3}{\sqrt{u}}=-\frac{1}{2}$，解得 $u=4$ 并算出 $f(u)=3$，即 $P=(4,3)$. 应用点斜式得切线方程 $(y-3)=-\frac{1}{2}(x-4)$，整理得 $x+2y=10$. 求得切线在两轴上的截距分别为 10 和 5，故所求三角形面积为 $\frac{5\times 10}{2}=25$，如图 3—4.

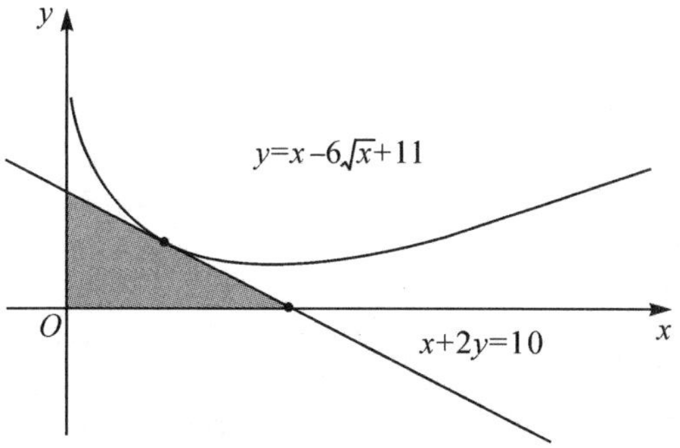

图 3—4 切线和两轴围成的三角形的面积

解决上面几个问题，关键是用了“导数是函数曲线切线的斜率”这个几何意义.

但是，这几何意义来自直观的描述：当曲线上一动点趋于一定点时，过两点的割线斜率趋于定点处切线的斜率.

在探索数学问题时，直觉的洞察极为重要. 许多重要的发现，靠的是直觉的洞察，即直观的合情推理. 但数学的本性要求严谨，不严谨就难于继续深入发展. 直觉的洞察是火热的思考，而严谨的反思能使数学呈现出冰冷的美丽.

上面我们反复谈切线，求切线. 但什么是切线？还没有定义！

没有定义切线居然求出了切线，画出图来还准确无误，岂非怪事？这“怪事”值得反思.

事实上，字面上尽管还没有切线定义，我们在求切线时心里是有想法的：曲线上两点靠拢了，过两点的割线就成了切线. 也就是说，两点靠拢过程中割线的极限位置就是切线.

别看这个想法简单，它得来不易，在两千多年间，数学家一直在挖空心思企图给切线一个合理的定义. 这个努力直到 19 世纪才结出硕果，这就是现在教科书上普遍采用的说法：割线的极限位置就是切线.

对教科书可不可以质疑？这样的切线定义是不是完美了？能不能有更好的说法？

把切线看成割线的极限，是基于我们对几何图形的直观认识和操作. 检验这种认识是否合理，有没有什么独立于我们的直观认识和操作之外的根据呢？

曲线的切线本来是几何问题. 能不能不涉及很难说清楚的极限概念，从直线与曲线的关系出发来定义切线？

温故知新，推陈出新. 要想说清楚一般曲线的切线，先来看看我们熟悉的圆的切线有何特点.

圆的切线的有些性质是和圆密切联系的特殊性质. 例如，切线垂直于过切点的半径；切线是和圆只有一个公共点的直线等. 这些特殊性质难于推广到一般曲线.

也有些性质具有一般性.

如图 3—5，过圆 O 上一点 A 作切线 AB，再取圆上另一点 P 作割线 AP，当 P 趋于 A 时，割线 AP 趋于切线 AB. 着眼于这个性质，得到上述教科书上的切线概念.

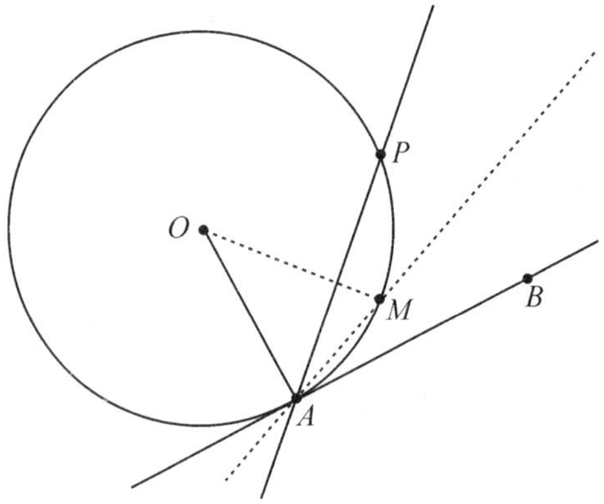

图 3—5　切线在切点附近比割线更接近圆弧

割线 AP 趋于切线 AB，这是表象. 有没有更实质的东西?

继续看图 3—5. 作圆弧 AP 的中点 M，则直线 AM 是 $\angle PAB$ 的角平分线，显然，在切点 A 附近的圆弧和切线 AB 在角平分线同侧，而在割线 AP 的异侧. 这表明，在切点 A"附近"，切线比任一条割线更接近圆弧.

在过圆的切点的所有直线中，在切点附近最接近圆弧的是切线，

所以可以设想，过曲线上一点 A 的所有直线中，如果有一条在点 A 附近最接近该曲线，就把这条直线叫做该曲线在点 A 的切线.

定义 3 （曲线的切线的定义）设 A 是曲线 τ 上的一点，在所有过点 A 的直线中，在 A 的附近最接近曲线 τ 者叫做 τ 在 A 处的切线.

这个定义描述了切线和曲线的本质联系，不依赖其他概念.

这里 τ 是希腊字母 γ 的大写，仍读作"伽马"，数学资料习惯上常常用它称呼曲线，就像用 α 或 β 命名角一样.

能不能根据上述定义严谨证明，导数就是切线的斜率呢?

下面分析一下，具体要证明的是什么?

如图 3—6，点 $A=(u,f(u))$ 在函数 $y=f(x)$ 的曲线上. 过此点的直线除了平行于 y 轴的 $x=u$ 外，其方程都可以写成 $y=f(u)+k(x-u)$，这里 k 是该直线的斜率.

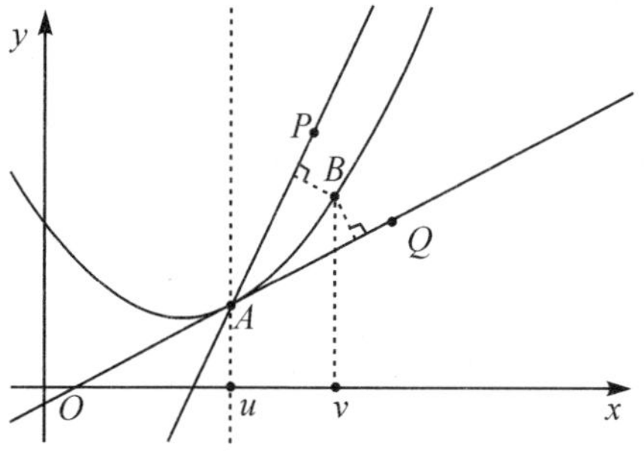

图 3—6　曲线上一点到两直线距离的比较

要证明在点 A 附近最接近曲线 $y=f(x)$ 的是 $k=f'(u)$ 的那一条，即图中直线

$$AQ: y=f'(u)(x-u)+f(u).$$

另一条直线 AP 为

$$y=k(x-u)+f(u),k\neq f'(u).$$

设 $B=(v,f(v))$ 是曲线 $y=f(x)$ 上另一点，如图，分别计算它到 AQ 和 AP 的距离. 记 $h=v-u\neq 0$，可得

$$d(B,AP)=\frac{|kv-f(v)+f(u)-ku|}{\sqrt{1+k^2}}=\frac{|f(v)-f(u)-kh|}{\sqrt{1+k^2}}, \tag{3-4}$$

$$d(B,AQ)=\frac{|f'(u)v-f(v)+f(u)-f'(u)u|}{\sqrt{1+f'(u)^2}}$$

$$=\frac{|f(v)-f(u)-f'(u)h|}{\sqrt{1+f'(u)^2}}, \tag{3-5}$$

要证明的是，当 $|h|>0$ 足够小时有

$$d(B,AP)>d(B,AQ).$$

你能够证明这个不等式吗？无论能否成功，应当思考一下.

在试图证明该不等式的过程中，你会发现一个基本的困难，就是引入导数时定义 1 中使用了不严谨的自然语言，如“趋于”. 如何用不严谨的概念推出一个确定的不等式？这个问题的完全解决有赖于概念的严谨化，这是大学数学专业微积分课程的任务，在本书中，很快就将对包括所有初等函数的一大类函数，彻底解决这个问题(见第 6 讲). 这样的问题，高考试卷上肯定不会出现. 本书的这些内容，是为了满足数学老师和真正对数学本身有兴趣的同学们的需求.

习题 3—1 用巴罗的方法，求曲线 $y=1+\sqrt{x}$ 在点 $P(9,4)$ 处的切线的斜率和一般式方程.

习题 3—2 已知曲线 $y=\frac{x^2}{4}+x$ 的一条切线的斜率为 $\frac{3}{2}$，求切点的坐标.

习题 3—3 设曲线 $y=\frac{x^2-2x+3}{x}$ 在点 $(3,2)$ 处的切线与直线 $x+ay+1=0$ 垂直，求数 a 的值.

习题 3—4 已知曲线 $y=9x-48\sqrt{x}+66$ 在点 P 和 Q 处的两切线交于点 $R(6,0)$，求 $\triangle PQR$ 的面积.

第4讲

论增减极值乙函数更显风光

就在笛卡儿发表求切线的“圆法”那年，同为解析几何创始人之一的费马(P. Fermat，1601—1665)在一封信中提出了求极大值和极小值的代数方法. 费马的方法也可以用来求切线，是微积分早期引起热烈讨论的一项重要工作.

数学中的最大值或最小值，和日常语言中的意义相同；而极大值或极小值，就和日常理解的意义有些出入了.

若函数 $f(x)$ 在包含 $x=x_0$ 的一个数集 S 上有定义，且对任一点 $x\in S$ 总有 $f(x)\leqslant f(x_0)$ ($f(x)\geqslant f(x_0)$)，则称 $f(x)$ 在 S 上取到最大(小)值 $f(x_0)$，并称 $x=x_0$ 是 $f(x)$ 在 S 上的最大(小)值点，最大值和最小值通称最值. 当数集 S 容易从上下文确定时可以略去不提.

若 $f(x)$ 在包含 x_0 的一个开区间 Δ 上有定义，且在 Δ 上取到最大(小)值 $f(x_0)$，则称 $x=x_0$ 是 $f(x)$ 的一个极大(小)值点，并称 $f(x_0)$ 是 $f(x)$ 的一个极大(小)值. 极大值和极小值通称极值.

简言之，极值与左邻右舍比起来是最值，是小组冠军.

费马设想，如果函数 $f(x)$ 在 $x=u$ 取到极大，则有一个含 u 的小区间 $\Delta=(u-$

$d,u+d)$，使得对于任意的 $u+h\in\Delta$，有 $f(u+h)\leqslant f(u)$.

于是当 $h\neq0$ 时，不论 $h>0$ 或 $h<0$ 都有

$$\left(\frac{f(u+h)-f(u)}{h}\right)\cdot h\leqslant 0. \tag{4-1}$$

设当 h 趋于 0 时 $\frac{f(u+h)-f(u)}{h}$ 趋于一个确定的数 A. 若 A 是正数，当 $h>0$ 时将有 $A\cdot h>0$，若 A 是负数，当 $h<0$ 时将有 $A\cdot h>0$，都和(4－1)矛盾，故必有$A=0$.

同理，在极小的情形也必有 $A=0$.

前面已经知道，若当 h 趋于 0 时 $\frac{f(u+h)-f(u)}{h}$ 趋于一个确定的数 A，则 A 是 $f(x)$ 在 $x=u$ 处的导数，即 $f'(u)=A$；从几何上看导数是函数曲线的切线的斜率. 因此，费马的想法实质就是说，$f(x)$ 在 $x=u$ 处取到极值的必要条件，是 $f'(u)=0$；亦即函数曲线在这一点的切线应当是水平的，如图 4－1.

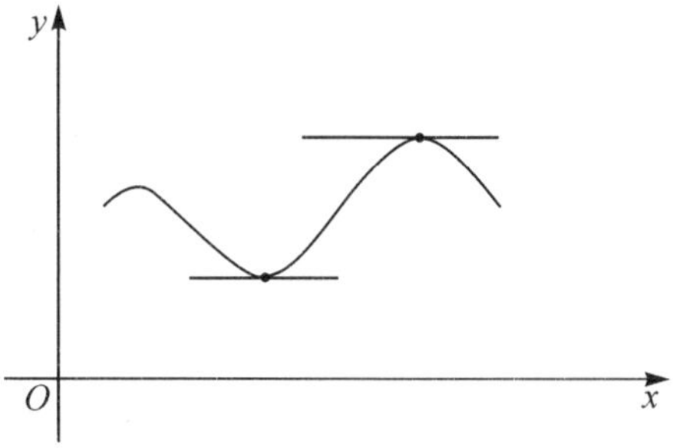

图 4－1　函数曲线在极值点处的切线

费马用一个简单的例子说明他的方法. 这是一个小学生熟悉的问题：设矩形的两边之和为 b，何时其面积最大？

用 x 表示矩形的一边，则另一边为 $b-x$. 于是矩形面积可以表示为 x 的函数 $f(x)=x(b-x)=bx-x^2$. 设它在 $x=u$ 处取到极大，则差商

$$\frac{f(u+h)-f(u)}{h}=\frac{b(u+h)-(u+h)^2-(bu-u^2)}{h}=b-2u-h \tag{4-2}$$

当 h 趋于 0 时应趋于 0，可见 $b-2u=0$，求出 $u=\frac{b}{2}$. 也就是说只有当此矩形为正方

形时其面积才取到极值.稍加讨论便知矩形为正方形时其面积最大.

由于问题的求解涉及 h 趋向于 0 的过程,要说清楚颇费工夫.如果基于乙函数的概念来讨论,问题就简单了.事实上,如命题 2.9 所述,若 $g(x)$ 是 $f(x)$ 的乙函数,则由 $g(x)$ 为正(负)可以得知 $f(x)$ 递增(减);由 $g(x)$ 非正(负)可以得知 $f(x)$ 不增(减).但常常有 $g(x)$ 在开区间 (u,v) 为正(负)但在一个或两个端点处等于 0 的情形,如例题 2—1 中 $g(x)=\frac{1}{2}-\frac{1}{x^2}$ 在区间 $(\sqrt{2},+\infty)$ 为正但在端点 $x=\sqrt{2}$ 处为 0,这样能否断定 $f(x)$ 在 $[\sqrt{2},+\infty)$ 递增? 当时没有理清这个细节,只是画出图来看看就忽悠过去了.下面把这种情形说清楚,从而建立一个更方便地判断函数增减性的工具.

命题 4.1 设 $g(x)$ 是 $f(x)$ 在区间 I 上的乙函数,$u<v$ 是 I 中的两点,若 $g(x)$ 在 (u,v) 上为正且在 $[u,v]$ 上非负,则 $f(x)$ 在 $[u,v]$ 上递增;若 $g(x)$ 在 (u,v) 上为负且在 $[u,v]$ 上非正,则 $f(x)$ 在 $[u,v]$ 上递减.

证明 应用命题 2.9 或直接根据乙函数定义,若 $g(x)$ 在 (u,v) 上为正且在 $[u,v]$ 上非负,则 $f(x)$ 在 (u,v) 上递增且在 $[u,v]$ 上不减.

为进一步证明 $f(x)$ 在 $[u,v]$ 递增,用反证法,设 $f(x)$ 在 $[u,v]$ 上仅仅是不减而非递增,则有 $[u,v]$ 上两点 $s<t$ 使 $f(s)=f(t)$,因而 $f(x)$ 在 $[s,t]$ 上为常数,于是 $f(x)$ 在 (u,v) 的子区间 (s,t) 上为常数.这与 $f(x)$ 在 (u,v) 上递增的结论矛盾,从而否定了反证法假定.这证明了 $f(x)$ 在 $[u,v]$ 上递增.

同理可证若 $g(x)$ 在 (u,v) 上为负且在 $[u,v]$ 上非正,则 $f(x)$ 在 $[u,v]$ 上递减.详细推导留给读者.

有趣的是,命题 4.1 中的条件 $g(x)$ 在 $[u,v]$ 上非负和 $g(x)$ 在 $[u,v]$ 上非正都是可以去掉的.这在前面已经作为第 2 讲的习题叙述过了.证明起来如有困难也可参看书后的习题解答.

从上面的命题立刻得到函数取到极大或极小的常用判别法.

命题 4.2 (极值判别法)设 $g(x)$ 是 $f(x)$ 在区间 I 上的乙函数,$u<v$ 是 I 中的

两点而 $x_0\in(u,v)$ 使 $g(x_0)=0$；若 $g(x)$ 在 (u,x_0) 上为正、在 (x_0,v) 上为负，则 $f(x)$ 在 $x=x_0$ 处取到极大；若 $g(x)$ 在 (u,x_0) 上为负、在 (x_0,v) 上为正，则 $f(x)$ 在 $x=x_0$ 处取到极小.

于是，要求函数 $f(x)=x(b-x)=bx-x^2$ 的极大极小值，只要写出它的乙函数 $g(x)=b-2x$，并根据乙函数的正负来判断其增减性. 显然有 $g\left(\frac{b}{2}\right)=0$，且 $g(x)$ 在 $\left(-\infty,\frac{b}{2}\right)$ 上为正、在 $\left(\frac{b}{2},+\infty\right)$ 上为负，故 $f(x)$ 在 $x=\frac{b}{2}$ 处取到极大值 $f\left(\frac{b}{2}\right)=\frac{b^2}{4}$，显然这也是 $f(x)$ 在 $(-\infty,+\infty)$ 上的最大值. 所有这些都不用趋于 0 之类的描述，道理简单明白.

照此办理，二次函数的增减性和最大最小值的问题容易解决.

命题 4.3 设 $f(x)=Ax^2+Bx+C(A\neq 0,x\in(-\infty,+\infty))$，则当 $A>0$ 时 $f(x)$ 在 $x_0=-\frac{B}{2A}$ 处取到最小值 $f(x_0)=f\left(-\frac{B}{2A}\right)=\frac{4AC-B^2}{4A}$，且 $f(x)$ 在 $\left(-\infty,-\frac{B}{2A}\right]$ 上递减，在 $\left[-\frac{B}{2A},+\infty\right)$ 递增；当 $A<0$ 时 $f(x)$ 在 $x_0=-\frac{B}{2A}$ 处取到最大值 $f(x_0)=f\left(-\frac{B}{2A}\right)=\frac{4AC-B^2}{4A}$，且 $f(x)$ 在 $\left(-\infty,-\frac{B}{2A}\right]$ 上递增，在 $\left[-\frac{B}{2A},+\infty\right)$ 递减.

证明 由命题 2.3 和 2.5 可知 $g(x)=2Ax+B$ 是 $f(x)=Ax^2+Bx+C$ 的乙函数. 当 $A>0$ 时，由 $g(x_0)=g\left(-\frac{B}{2A}\right)=0$，且 $g(x)$ 在 $\left(-\infty,-\frac{B}{2A}\right)$ 上为负，在 $\left(-\frac{B}{2A},+\infty\right)$ 上为正，故由极值判别法（命题 4.2）知道 $f(x)$ 在 $x_0=-\frac{B}{2A}$ 处取到最小值 $f(x_0)=f\left(-\frac{B}{2A}\right)=\frac{4AC-B^2}{4A}$，且 $f(x)$ 在 $\left(-\infty,-\frac{B}{2A}\right]$ 上递减，在 $\left[-\frac{B}{2A},+\infty\right)$ 上递增；当 $a<0$ 时有同理，具体推导留给读者.

注意到二次方程 $Ax^2+Bx+C=0$ 的判别式为 $\Delta=B^2-4AC$，则此二次函数的最值可以简单地写成便于记忆的$\frac{-\Delta}{4A}$.

上述命题说明二次函数在$(-\infty,+\infty)$上只有一个极值，也就是最值. 如果考虑它在闭区间上的最值，就还要看其极值点是否在此区间内，并且要考虑两端点处的函数值.

例题 4—1 (i)求函数 $f(x)=x^2-2x-t$ 在区间$[0,3]$上的最大值；

(ii)求函数 $F(x)=|x^2-2x-t|$ 在区间$[0,3]$上的最大值.

解 (i)应用命题 4.3，可知 $f(x)=x^2-2x-t$ 在 $x_0=1\in(0,3)$处取到极小值 $-1-t$，于是 $f(0)=-t$ 和 $f(3)=3-t$ 中较大者 $3-t$ 即为所求的最大值.

(ii)当 $f(x)=x^2-2x-t$ 的最小值 $-1-t\geqslant 0$ 时即 $t\leqslant -1$ 时，函数 $F(x)=|x^2-2x-t|=f(x)$，其最大值为 $F(3)=f(3)=3-t$，如(i).

当 $f(x)=x^2-2x-t$ 的最小值 $-1-t<0$ 时即 $t>-1$ 时，$F(x)=|x^2-2x-t|$ 在 $x_0=1\in(0,3)$处取到极大值 $1+t>0$，如图 4—2. 于是 $F(1)=1+t$、$F(0)=|t|$ 和 $F(3)=|3-t|$ 中较大者为所求的最大值. 有三种情形：(1)当 $t\in(-1,1)$时 $F(3)=|3-t|>2$ 显然为最大；(2)$t=1$ 时 $F(1)=2=F(3)$同为最大值；(3)$t>1$ 时$F(1)=1+t$ 为最大. 这三种情形如图 4—3.

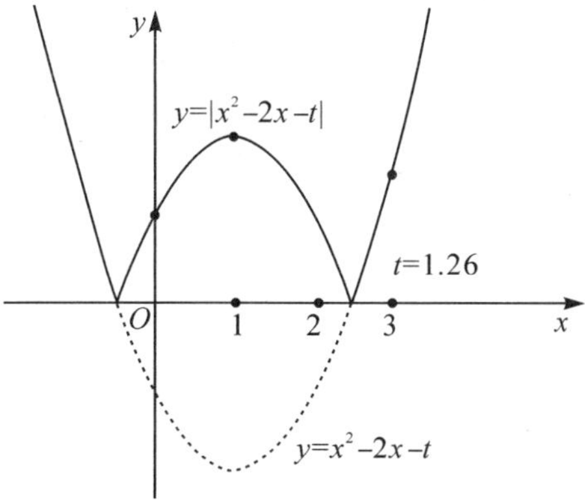

图 4—2 **函数** $F(x)=|x^2-2x-t|$ **的图像**

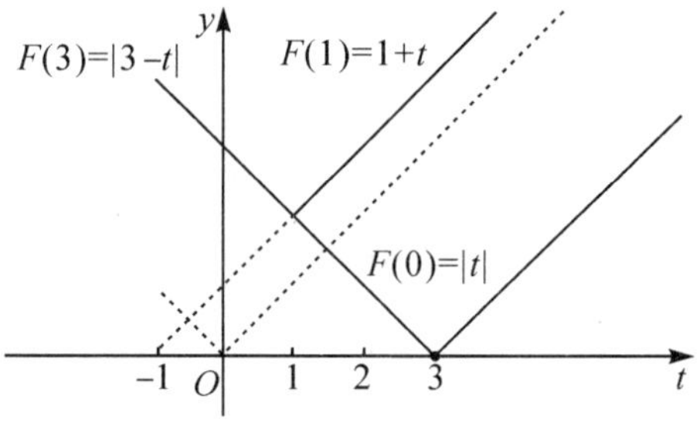

图 4—3　三个函数值随参数 t 变化时的比较

比二次函数复杂一点的是三次函数，为了研究三次函数的增减性和极值，自然想到要找它的乙函数.

例题 4—2　求证：函数 $g(x)=3x^2$ 是 $f(x)=x^3$ 的乙函数.

解　计算得

$$\frac{f(v)-f(u)}{v-u}=\frac{v^3-u^3}{v-u}=u^2+uv+v^2. \tag{4—3}$$

当 $uv\geqslant 0$ 时，u^2+uv+v^2 显然在 $g(u)=3u^2$ 和 $g(v)=3v^2$ 之间；这表明在 $(-\infty,0]$ 和 $[0,+\infty)$ 上，$g(x)=3x^2$ 都是 $f(x)$ 的乙函数.

能不能由此推出在 $(-\infty,+\infty)$ 上函数 $g(x)=3x^2$ 是 $f(x)$ 的乙函数呢？

确实有这样的一般规律.

命题 4.4　（乙函数的区间可分性）若 $g(x)$ 是式 $f(x)$ 在区间 I 上的乙函数，又是 $f(x)$ 在区间 J 上的乙函数，且区间 I 和区间 J 有公共点，则 $g(x)$ 是 $f(x)$ 在区间 $K=I\cup J$ 上的乙函数.

证明　按定义，只要证明对 $K=I\cup J$ 的任意子区间 $[u,v]$，总有 $[u,v]$ 中的点 p 和 q，使有下列不等式

$$g(p)\leqslant\frac{f(u)-f(v)}{u-v}\leqslant g(q). \tag{4—4}$$

若 $[u,v]$ 是 I 或 J 的子区间，结论显然. 若不然，则有 I 和 J 的公共点 $a\in(u,v)$ 使得 $[u,a]$ 和 $[a,v]$ 分别包含于 I 和 J.

注意到差商 $\dfrac{f(v)-f(u)}{v-u}$ 总在 $\dfrac{f(v)-f(a)}{v-a}$ 和 $\dfrac{f(a)-f(u)}{a-u}$ 之间（图 4－4）. 因

$g(x)$是 $f(x)$在$[u,a]$和$[a,v]$上的乙函数,故在$[u,a]$上有 p_1、q_1 使得$\frac{f(a)-f(u)}{a-u}$在 $g(p_1)$和 $g(q_1)$之间;同理在$[a,v]$上有 p_2、q_2 使得$\frac{f(v)-f(a)}{v-a}$在 $g(p_2)$和 $g(q_2)$之间;令 $g(p)$和 $g(q)$分别为此 4 值中的最小和最大者,则有(4—4)成立. 证毕.

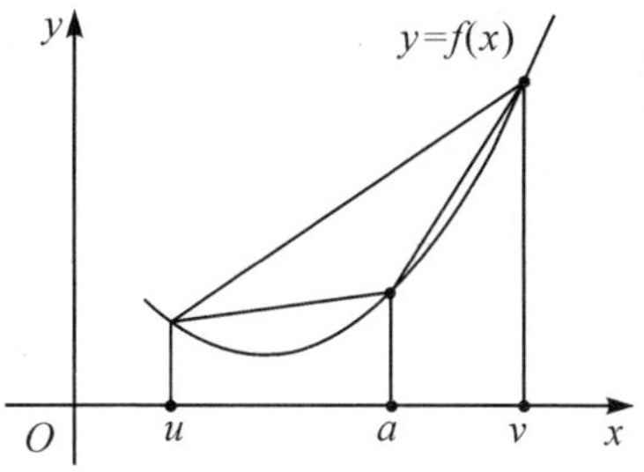

图 4—4 差商$\frac{f(v)-f(u)}{v-u}$总在$\frac{f(v)-f(a)}{v-a}$和$\frac{f(a)-f(u)}{a-u}$之间

记$\lambda=\frac{a-u}{v-u}$,则 $1-\lambda=\frac{v-a}{v-u}$,

于是$\frac{f(v)-f(u)}{v-u}=\lambda\frac{f(a)-f(u)}{a-u}+(1-\lambda)\frac{f(v)-f(a)}{v-a}$

它总在$\frac{f(v)-f(a)}{v-a}$和$\frac{f(a)-f(u)}{a-u}$之间.

上述命题显然可以推广到任意多个区间之并的情形,所以在求乙函数时就可以对区间分段处理了.

有了乙函数的区间可分性,就可以确认 $3x^2$ 在$(-\infty,+\infty)$上是 x^3 的乙函数.这使我们猜想到,$3x^2+2ax+b$ 是 x^3+ax^2+bx+c 的乙函数.

命题 4.5 $g(x)=3x^2+2ax+b$ 在$(-\infty,+\infty)$上是 $f(x)=x^3+ax^2+bx+c$ 的乙函数.

证明 求出 $f(x)$在$[u,v]$上的差商,记作

$$D=\frac{f(v)-f(u)}{v-u}=v^2+uv+u^2+a(u+v)+b, \qquad (4—5)$$

考虑它和 $g(u)$以及 $g(v)$之差:

$$D-g(u)=v^2-u^2+uv-u^2+a(v-u)=(v-u)(v+2u+a), \qquad (4—6)$$

$$g(v)-D=v^2-u^2+v^2-uv+a(v-u)=(v-u)(2v+u+a). \qquad (4-7)$$

因为$(v-u)>0$,故当$v>u\geqslant -\frac{a}{3}$时,上面两式都为正,即$g(u)<D<g(v)$,说明在$\left[-\frac{a}{3},+\infty\right)$上$g(x)$是$f(x)$的乙函数;当$u<v\leqslant -\frac{a}{3}$时,两者都为负,即$g(v)<D<g(u)$,说明在$\left(-\infty,-\frac{a}{3}\right]$上$g(x)$也是$f(x)$的乙函数.故在$(-\infty,+\infty)$上$g(x)$是$f(x)$的乙函数.证毕.

应用命题2.3于上述结果,可知$3ax^2+2bx+c$是更一般的三次函数ax^3+bx^2+cx+d的乙函数.

作为习题,请读者验证$3ax^2+2bx+c$是三次函数ax^3+bx^2+cx+d的导数.这种看似巧合的情形将在第6讲得到解释.

于是三次函数的增减性和极大极小问题完全归结为二次函数的正负,从而就完全解决了.

命题4.6 设$f(x)=ax^3+bx^2+cx+d(a\neq 0,x\in(-\infty,+\infty))$,则有

(i)若$b^2-3ac\leqslant 0$,当$a>0$时$f(x)$在$(-\infty,+\infty)$上递增,$a<0$时$f(x)$在$(-\infty,+\infty)$上递减;

(ii)若$b^2-3ac>0$,设$u<v$是方程$3ax^2+2bx+c=0$的两个实根,则$f(x)$的增减性和极大极小情形如下:

若$a>0$,则$f(x)$在$(-\infty,u]$和$[v,+\infty)$上递增,在$[u,v]$上递减;在$x=u$处取极大,在$x=v$处取极小;

若$a<0$,则$f(x)$在$(-\infty,v]$和$[v,+\infty)$上递减,在$[u,v]$上递增;在$x=u$处取极小,在$x=v$处取极大.

列出下表,一目了然.

$f(x)=ax^3+bx^2+cx+d,g(x)=3ax^2+2bx+c,g(u)=g(v)=0$						
x		$(-\infty,u)$	$x=u$	$[u,v]$	$x=v$	$[v,+\infty)$
$a>0$	$f(x)$	递增	极大	递减	极小	递增
	$g(x)$	+	0	−	0	+
$a<0$	$f(x)$	递减	极小	递增	极大	递减
	$g(x)$	−	0	+	0	−

表 4−1 三次函数的增减性和极值($b^2-3ac>0$ 情形)

证明 由命题 4.5，$g(x)=3ax^2+2bx+c$ 在$(-\infty,+\infty)$上是 $f(x)=ax^3+bx^2+cx+d$ 的乙函数.考虑二次函数

$$g(x)=Ax^2+Bx+C(A=3a,B=2b,C=c),$$

结合命题 4.3 可得：

(i)若 $B^2-4AC=b^2-3ac\leqslant 0$，当 $A=3a>0$ 时 $g(x)$在 $x_0=-\dfrac{B}{2A}=-\dfrac{b}{3a}$处取到最小值 $g\left(-\dfrac{B}{2A}\right)=\dfrac{4AC-B^2}{4A}=\dfrac{3ac-b^2}{3a}\geqslant 0$，故 $g(x)$在$(-\infty,+\infty)$上除 $x_0=-\dfrac{b}{3a}$一点外均为正，由命题 4.2 可知 $f(x)$在$(-\infty,+\infty)$上递增；$a<0$ 时 $g(x)$在 $x_0=-\dfrac{b}{3a}$处取到最大值 $g\left(-\dfrac{B}{2A}\right)=\dfrac{4AC-B^2}{4A}=\dfrac{3ac-b^2}{3a}\leqslant 0$，故 $g(x)$在$(-\infty,+\infty)$上除 $x_0=-\dfrac{b}{3a}$一点外均为负，由命题 4.2 可知 $f(x)$在$(-\infty,+\infty)$上递减(如图 4−5 和 4−6).

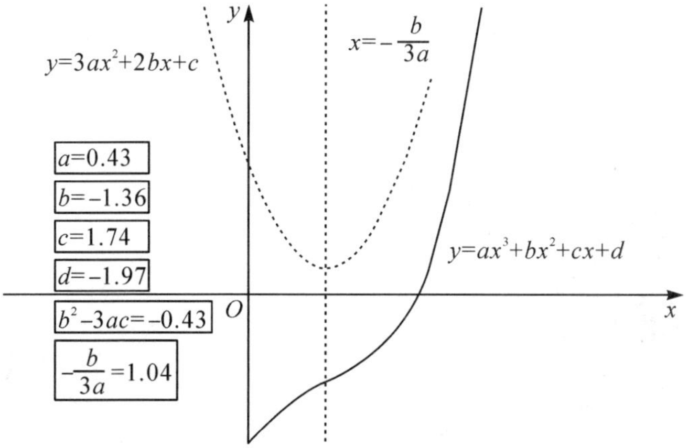

图 4−5 三次函数 ax^3+bx^2+cx+d 曲线 1($b^2-3ac\leqslant 0$ 且 $a>0$)

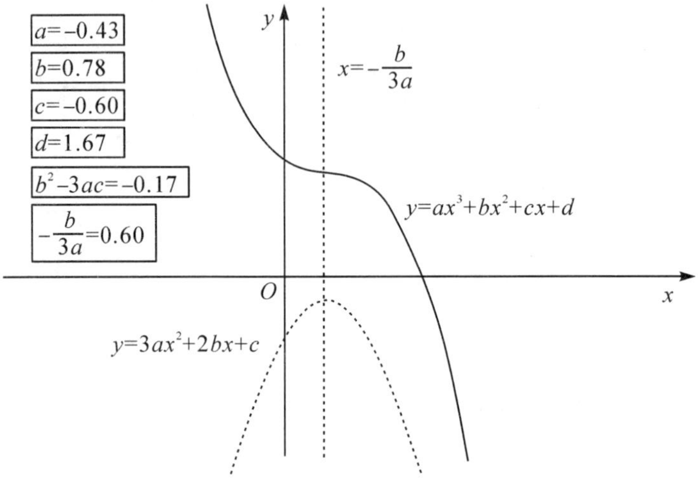

图 4—6　三次函数 ax^3+bx^2+cx+d 曲线 2($b^2-3ac\leqslant 0$ 且 $a<0$)

(ii)若 $B^2-4AC=b^2-3ac>0$，当 $A=3a>0$ 时 $g(x)$ 在 $x_0=-\dfrac{b}{3a}\in(u,v)$ 处取到最小值 $g\left(-\dfrac{B}{2A}\right)=\dfrac{3ac-b^2}{3a}<0$，故 $g(x)$ 在 $(-\infty,u)$ 和 $(v,+\infty)$ 上为正而在 (u,v) 上为负，由命题 4.2 可知 $f(x)$ 在 $(-\infty,u]$ 和 $[v,+\infty)$ 上递增而在 $[u,v]$ 上递减，在 $x=u$ 取到极大，在 $x=v$ 取到极小；$a<0$ 时 $g(x)$ 在 $x_0=-\dfrac{b}{3a}\in(u,v)$ 处取到最大值 $g\left(-\dfrac{B}{2A}\right)=\dfrac{3ac-b^2}{3a}>0$，故 $g(x)$ 在 $(-\infty,u)$ 和 $(v,+\infty)$ 上为负而在 (u,v) 上

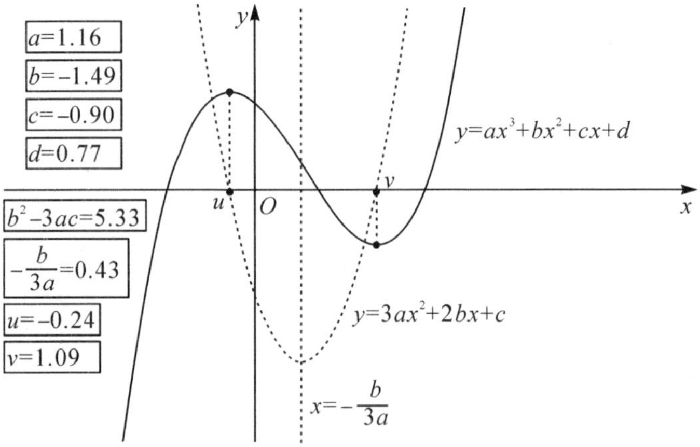

图 4—7　三次函数 ax^3+bx^2+cx+d 曲线 3($b^2-3ac>0$ 且 $a>0$)

为正，由命题 4.2 可知 $f(x)$ 在 $(-\infty,u]$ 和 $[v,+\infty)$ 上递减而在 $[u,v]$ 上递增，在 $x=u$ 取到极小，在 $x=v$ 取到极大(如图 4—7 和图 4—8).

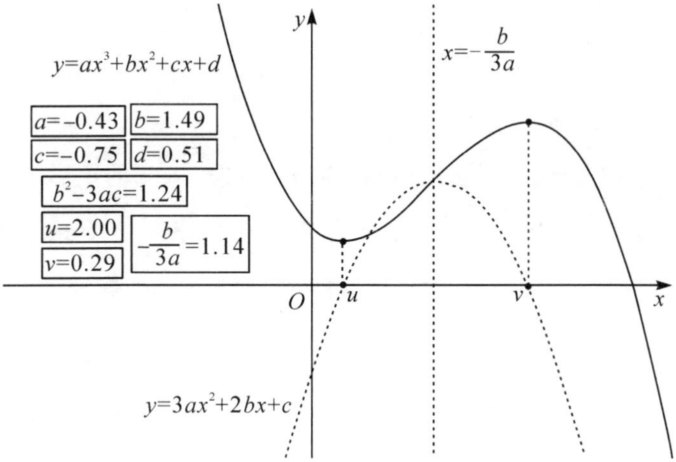

图 4—8　三次函数 ax^3+bx^2+cx+d 曲线 4($b^2-3ac>0$ 且 $a<0$)

例题 4—3　设函数 $f(x)=x^3+ax^2+x+1(a\in(-\infty,+\infty),x\in(-\infty,+\infty))$.

(i)讨论函数 $f(x)$ 的单调区间；

(ii)设函数 $f(x)$ 在区间(1,5)内是减函数，求 a 的取值范围.

解　函数 $g(x)=3x^2+2ax+1$ 是 $f(x)=x^3+ax^2+x+1$ 的乙函数，$f(x)$ 的增减性可从 $g(x)=3x^2+2ax+1$ 的正负得出.

(i)当 $(2a)^2-4\times3\leqslant0$ 即 $a^2\leqslant3$ 时 $g(x)\geqslant0$，$f(x)$ 在 $(-\infty,+\infty)$ 上递增；

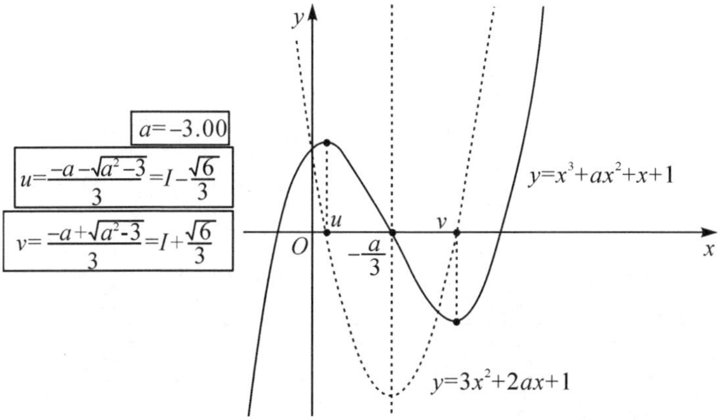

图 4—9　函数 $f(x)=x^3+ax^2+x+1$ 的单调区间

当 $a^2>3$ 时 $g(x)=0$ 有两根 $u=\frac{-a-\sqrt{a^2-3}}{3}$ 和 $v=\frac{-a+\sqrt{a^2-3}}{3}$，可知 $f(x)$ 在 $(-\infty,u]$ 和 $[v,+\infty)$ 上递增，在 $[u,v]$ 上递减（如图 4—9）.

(ii) 解不等式 $u\leqslant 1<5\leqslant v$，即 $-a-\sqrt{a^2-3}\leqslant 3$ 且 $15\leqslant -a+\sqrt{a^2-3}$，

解得 $a\leqslant -7.6$.

例题 4—4 如图 4—10 是一张长为 30cm、宽为 20cm 的矩形纸片. 从虚线处将四边折叠并适当粘贴起来构成一个高为 $x$cm、长为 $(30-2x)$cm、宽为 $(20-2x)$cm 的无盖纸盒（图 4—11）. 问纸盒的高是多少时容积最大？容积最大是多少？

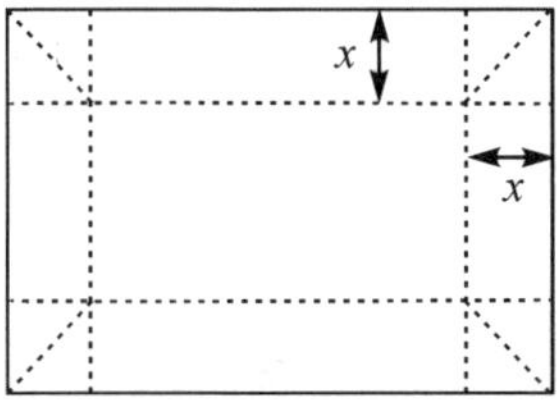

图 4—10 矩形纸片

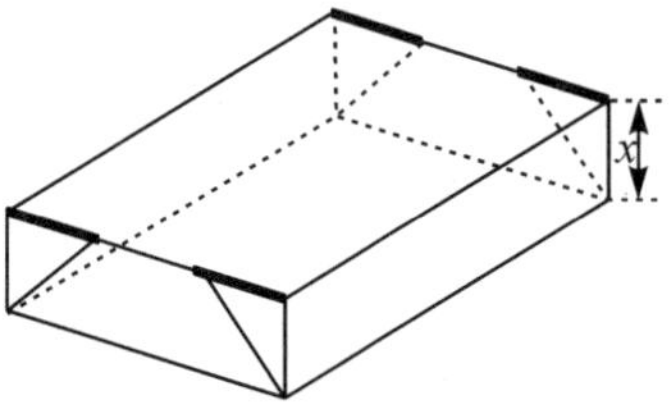

图 4—11 矩形纸片折叠成纸盒

解 纸盒容积可表示成其高度 x 的函数

$$V(x)=x(20-2x)(30-2x)=4(x^3-25x^2+150x) \quad (x\in[0,10]),$$

而 $g(x)=4(3x^2-50x+150)$ 是 $V(x)$ 的乙函数，如图 4—12. 求出 $g(x)=0$ 的两根为 $u=\frac{5(5-\sqrt{7})}{3}\approx 3.92$ 和 $v=\frac{5(5+\sqrt{7})}{3}\approx 12.74$. 于是 $V(x)$ 在 $[0,u]$ 递增，在 $[u,10]$ 递减，在 $[0,10]$ 上有最大值 $V(u)\approx V(3.92)$. 即纸盒的高约为 3.92cm 时容积最大，容积最大约为 $V(3.92)\approx 1056.3(\text{cm}^3)$.

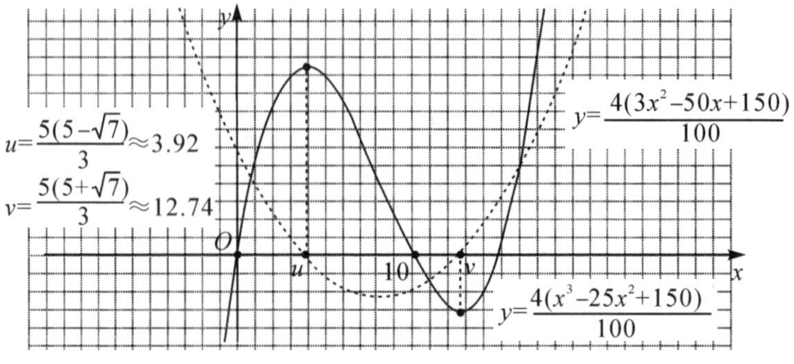

图 4—12 纸盒的最大容积（y 轴 l 格表 100cm³）

例题 4—5 已知函数 $f(x)=k(x+1)+\dfrac{1}{x}(x\neq 0)$在$(0,3]$上递减，求参数 k 的取值范围.

解 由命题 2.3 和 2.6 知 $g(x)=k-\dfrac{1}{x^2}$是 $f(x)$的乙函数. 想要 $f(x)$在$(0,3]$上递减，应有 $k-\dfrac{1}{x^2}$在$(0,3]$上非正，解得 $k\leqslant\dfrac{1}{9}$，图 4—13 是 $k=\dfrac{1}{9}$的临界情形.（曲线平缓，仅靠直观很难准确看出结论!）

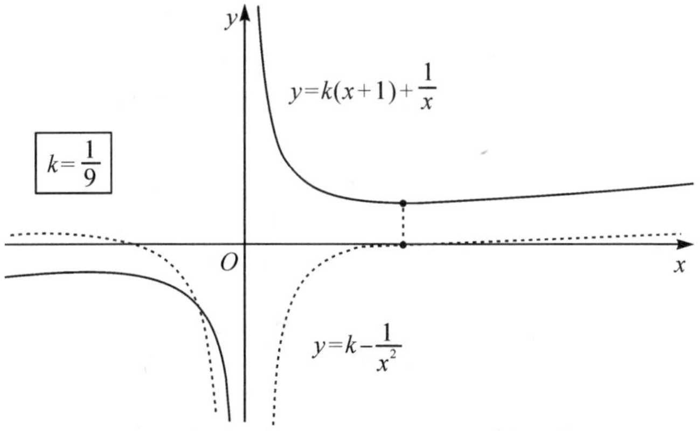

图 4—13 函数 $f(x)=k(x+1)+\dfrac{1}{x}$的递减区间

例题 4—6 设 $F(x)=\dfrac{1}{x+a\sqrt{x}+1}$在$[0,+\infty)$上有定义，请确定参数 a 的变化范围和 $F(x)$的单调区间.

解 记 $f(x)=x+a\sqrt{x}+1$，由命题 2.3 和 2.7 可知 $g(x)=1+\dfrac{a}{2\sqrt{x}}$是 $f(x)$在$(0,+\infty)$上的乙函数，于是

(i)若 $a\geqslant 0$，此时在$(0,+\infty)$上有 $g(x)>0$，从而 $f(x)$在$(0,+\infty)$递增. 因 $f(0)=1$ 显然为最小值，故 $f(x)$实际上在$[0,+\infty)$递增. 于是 $F(x)=\dfrac{1}{x+a\sqrt{x}+1}$在$[0,+\infty)$上递减且 $F(0)=1$ 为最大值. 如图 4—14.

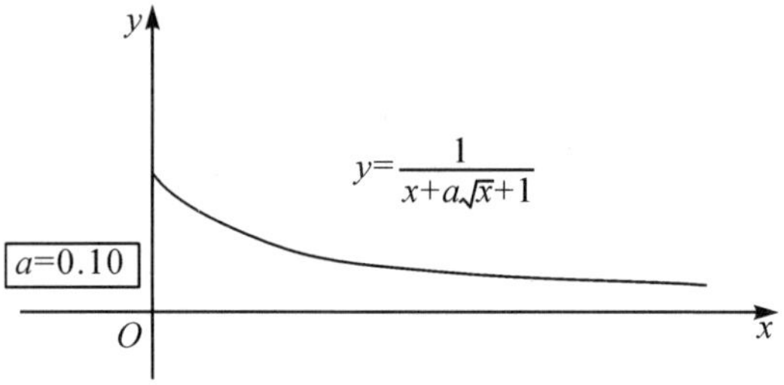

图 4－14　函数 $F(x)=\frac{1}{x+a\sqrt{x+1}}$ 当 $a\geqslant 0$ 时递减

(ii)若 $a<0$，记 $\sqrt{x}=t$ 从而

$$f(x)=f(t^2)=t^2+at+1,$$

二次方程 $f(t^2)=0$ 的判别式为 a^2-4，故当 $a\in(-2,0)$ 时 $f(x)$ 在 $[0,+\infty)$ 上恒正.

又因 $f(t^2)$ 在 $t=-\frac{a}{2}$ 处取到最小、在 $\left[0,-\frac{a}{2}\right]$ 上递减、在 $\left[-\frac{a}{2},+\infty\right)$ 上递增，故 $f(x)$ 在 $x=\frac{a^2}{4}$ 处取到最大、在 $\left[0,\frac{a^2}{4}\right]$ 上递增、在 $\left[\frac{a^2}{4},+\infty\right)$ 上递减，如图 4－15. 而当 $a\leqslant -2$ 时方程 $f(x)=f(t^2)=t^2+at+1=0$ 有正根 $t_1=\frac{-a+\sqrt{a^2-4}}{2}$，与 $F(x)=\frac{1}{f(x)}$ 在 $[0,+\infty)$ 上有定义不合.

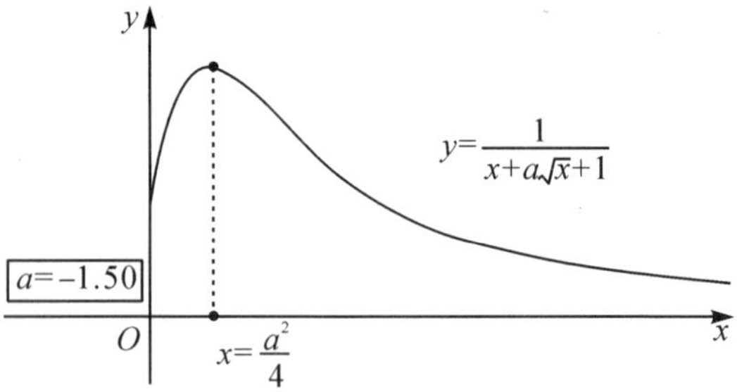

图 4－15　函数 $F(x)=\frac{1}{x+a\sqrt{x+1}}$ 当 $-2<a<0$ 时的单调区间

综上可知，参数 a 的范围为 $(-2,+\infty)$；当 $a\in[0,+\infty)$ 时 $F(x)$ 在 $[0,+\infty)$ 上递减，当 $a\in(-2,0)$ 时 $F(x)$ 在 $\left[0,\frac{a^2}{4}\right]$ 上递增，在 $\left[\frac{a^2}{4},+\infty\right)$ 上递减.

习题 4—1　用第 1 讲的方法求 $f(x)=ax^3+bx^2+cx+d$ 的导数.

习题 4—2　求函数 $f(x)=x^3-12x+8$ 在区间$[-3,3]$上的最大值与最小值.

习题 4—3　求函数 $f(x)=t\cdot x^2+2t^2\cdot x+t-1(x\in(-\infty,+\infty),t>0)$的最小值 $h(t)$,并求 $h(t)+t$ 在区间$(0,2)$上的取值范围.

习题 4—4　若函数 $F(x)=x-\dfrac{k}{x}$在$(-5,-1)$上递增,求 $F(x)$在$[1,3]$上的最大值.

习题 4—5　已知函数 $f(x)=\dfrac{1}{3}x^3+\dfrac{1}{2}ax^2+bx$ 在区间$[-1,1)$,$(1,3]$上各有一个极值点,求 a^2-4b 的最大值.

习题 4—6　已知函数 $f(x)=2x^3+3ax^2+3bx+8c$ 在 $x=1$ 及 $x=2$ 时取得极值,求 $f(x)$在$[0,3]$上的最大值和最小值.

习题 4—7　设函数 $f(x)=\dfrac{1}{x^2+ax+a}$的表达式在$(-\infty,+\infty)$上有意义,求 a 的取值范围和 $f(x)$的递减区间.

习题 4—8　设正圆锥的高为 30,底半径为 10,求其内接圆柱体的体积的最大值.

第5讲

选择函数范围青睐差商有界

在第 2 讲里引进了乙函数后，用两个例题来说明其应用. 例题 2—1 表明，乙函数的正负可以用来判别其甲函数的增减；例题 2—2 表明，用乙函数可以计算甲函数的近似值. 在第 4 讲，乙函数的作用进一步显现出来了. 这些应用的根据，就是联系着函数$F(x)$和它的乙函数 $f(x)$的估值不等式：在$[u,v]$上有 p 和 q 使有

$$f(p)\leqslant\frac{F(v)-F(u)}{v-u}\leqslant f(q). \tag{5—1}$$

看来这个不等式是一大法宝. 它的好处是用简单的一元函数来估计比较复杂的二元表达式. 为了充分挖掘这个法宝的潜力，就要探索如何更有效地实现这个不等式的估值作用.

估值，就是从大小两头来限制中间的东西. 如果两头互不关照，各奔天涯海角，中间的东西就落个逍遥自在，估不出所以然来. 要想有效估值，两头的 $f(p)$和 $f(q)$就不能离得太远，即$|f(p)-f(q)|$不能太大，这就要对乙函数 $f(x)$的性质有所要求.

应当首先关注哪一类函数呢？

函数千千万万，研究起来应有所选择. 要由浅入深，由近及远，以期化难为易，执简御繁. 数学课程就是这样安排的.

先是学了一次函数、反比函数、二次函数；进而认识指数函数、对数函数和幂函数；然后是三角函数和反三角函数.

由这些函数经过有限次的加减乘除和复合构成的函数，叫做初等函数.

函数可以用来描述变化. 若变化起来比较平稳，$|f(p)-f(q)|$的大小易于控制，就容易研究；相反，变化剧烈的现象就难于掌握. 平均变化率，即差商，是刻画函数变化速度的基本度量. 判断函数变化是平稳还是剧烈，可以看差商. 于是数学家就提出了下面的“差商有界”的概念.

定义 4 （差商有界函数）设函数 $f(x)$的定义域 S 由有限个区间组成. 如果对于 S 的任意闭子区间$[a,b]$都有正数 M，使得$[a,b]$中任意两数 u 和 v 都满足不等式

$$|f(u)-f(v)|\leqslant M|u-v|, \tag{5—2}$$

则称 $f(x)$在 S 上差商有界.

若 $f(x)$在闭区间$[a,b]$上差商有界，称 $f(x)$在$[a,b]$上满足李普西兹(R. Lipschitz，1832—1903)条件. 不等式(5—2)中的正数 M 叫做 $f(x)$在$[a,b]$上的一个李普西兹常数. 显然，李普西兹常数不是唯一的.

不等式(5—2)可写成$\left|\dfrac{f(u)-f(v)}{u-v}\right|\leqslant M$，差商有界之名由此而来.

有界或无界是数学里的重要概念，它和数集合的上界或下界的概念密切相关. 设 S 是实数集，M 是一个实数. 如果对任意的 $x\in S$ 都有 $x\leqslant M$，则称 M 是 S 的一个上界；如果对任意的 $x\in S$ 都有 $x\geqslant M$，则称 M 是 S 的一个下界. 既有上界又有下界的数集合称为有界的数集合，值域为有界数集合的函数称为有界函数.

理解一个新的数学概念，最好的办法是举出具体的例子. 要正面例子，也要反面的例子.

例题 5—1 一次函数 $f(x)=k\cdot x+b$ 在$(-\infty,+\infty)$上差商有界，它在任意

闭区间$[a,b]$上有李普西兹常数$M=|k|$.

证明 因为$f(x)=k\cdot x+b$的差商为常数k,结论显然.

例题 5—2 求证函数$f(x)=x^2$在$(-\infty,+\infty)$上差商有界,并求它在区间$[a,b]$上的一个李普西兹常数.

解 对$[a,b]$上的任意两点$u<v$,总有

$$\begin{aligned}|f(v)-f(u)|&=|v^2-u^2|=|v+u||v-u|\\&\leqslant 2(|a|+|b|)|v-u|.\end{aligned}\tag{5—3}$$

这表明函数$f(x)=x^2$在$(-\infty,+\infty)$上差商有界,且$M=2(|a|+|b|)$是它在区间$[a,b]$上的一个李普西兹常数.

例题 5—3 求证函数$f(x)=\dfrac{1}{x}$在$(-\infty,0)\cup(0,+\infty)$上差商有界,并求它在区间$[a,b]$$(a\cdot b>0)$上的李普西兹常数.

解 对$[a,b]$上的任意两点$u<v$,总有

$$|f(v)-f(u)|=\left|\frac{1}{v}-\frac{1}{u}\right|=\left|\frac{v-u}{uv}\right|.\tag{5—4}$$

用$m=\min\{|a|,|b|\}$表示$|a|$和$|b|$中较小者,则$|f(v)-f(u)|\leqslant\dfrac{1}{m^2}|v-u|$,这表明函数$f(x)=\dfrac{1}{x}$在$(-\infty,+\infty)$上差商有界,且$M=\dfrac{1}{(\min\{|a|,|b|\})^2}$是它在区间$[a,b]$上的一个李普西兹常数.

例题 5—4 求证函数$f(x)=\sqrt{x}(x\in[0,+\infty))$在$[0,+\infty)$上非差商有界但在$(0,+\infty)$上差商有界,并对$0<a<b$求它在$[a,b]$上的李普西兹常数.

解 为了指出$f(x)=\sqrt{x}$在$[0,+\infty)$上非差商有界,按定义只要证明它在$[0,+\infty)$的某个闭子区间上非差商有界,即不满足李普西兹条件即可. 下面证明$y=\sqrt{x}$在区间$[0,1]$上不是差商有界的. 事实上,对于任意给定的正数M,当$u=0$和$v\leqslant\dfrac{1}{2+M^2}<1$时,总有

$$\left|\frac{\sqrt{v}-\sqrt{u}}{v-u}\right|=\frac{1}{\sqrt{v}}\geqslant\sqrt{M^2+2}>M. \qquad (5-5)$$

可见对于函数 $y=\sqrt{x}$不存在$[0,a]$上的李普西兹常数，即它不是差商有界的(图 5－1).

另一方面，当 $0<a<b$ 时对$[a,b]$上任意两点 $u<v$，有

$$\left|\frac{\sqrt{v}-\sqrt{u}}{v-u}\right|=\frac{1}{\sqrt{u}+\sqrt{v}}<\frac{1}{2\sqrt{a}}. \qquad (5-6)$$

这表明 $y=\sqrt{x}$在区间$(0,+\infty)$上差商有界，且$\frac{1}{2\sqrt{a}}$是它在$[a,b]$上的一个李普西兹常数.

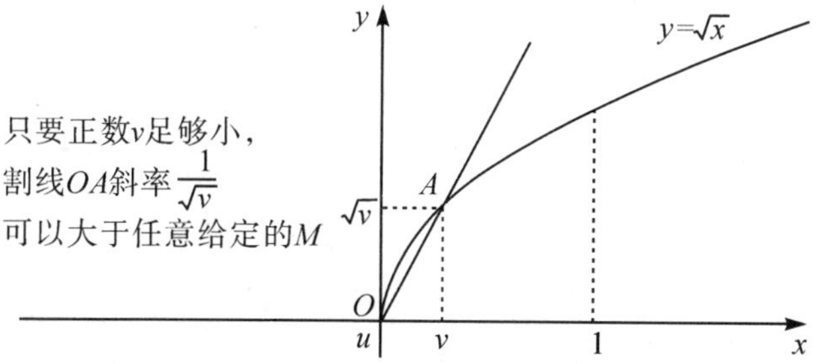

图 5－1　函数 $y=\sqrt{x}$在区间$[0,1]$上不是差商有界的

从几何上看，差商有界的函数，其曲线上任意两点所确定的割线斜率的绝对值有界. 也就是不能太陡，而曲线 $y=\sqrt{x}$在 $x=0$ 的切线平行于 y 轴，此点附近的割线要多么陡有多么陡，因而不可能满足李普西兹条件.

例题 5－5　求证函数 $\sin x$ 和 $\cos x$ 都在$(-\infty,+\infty)$上差商有界，且对任意两点 $u<v$ 有不等式

$$|\sin u-\sin v|<|u-v|,$$

$$|\cos u-\cos v|<|u-v|. \qquad (5-7)$$

从而它们在任意区间$[a,b]$上有李普西兹常数 $M=1$.

解　根据三角函数的和差化积公式得

$$|\sin u-\sin v|=\left|2\sin\frac{u-v}{2}\cdot\cos\frac{u+v}{2}\right|\leqslant\left|2\sin\frac{u-v}{2}\right|. \qquad (5-8)$$

当$|u-v|\geqslant\pi$时显然有$\left|2\sin\dfrac{u-v}{2}\right|\leqslant 2<\pi\leqslant|u-v|$；而$|u-v|<\pi$时由熟知的几何事实可得当$0<x<\dfrac{\pi}{2}$时有$0<\sin x<x$（图5—2），从而有不等式$\left|\sin\dfrac{u-v}{2}\right|<\left|\dfrac{u-v}{2}\right|$；结合（5—8）得

$$|\sin u-\sin v|\leqslant\left|2\sin\frac{u-v}{2}\right|<2\cdot\frac{|u-v|}{2}=|u-v|, \quad (5-9)$$

$$\text{从而}|\cos u-\cos v|=\left|\sin\left(u+\frac{\pi}{2}\right)-\sin\left(v+\frac{\pi}{2}\right)\right|<\left|u+\frac{\pi}{2}-v-\frac{\pi}{2}\right|=|u-v|.$$

即所欲证.

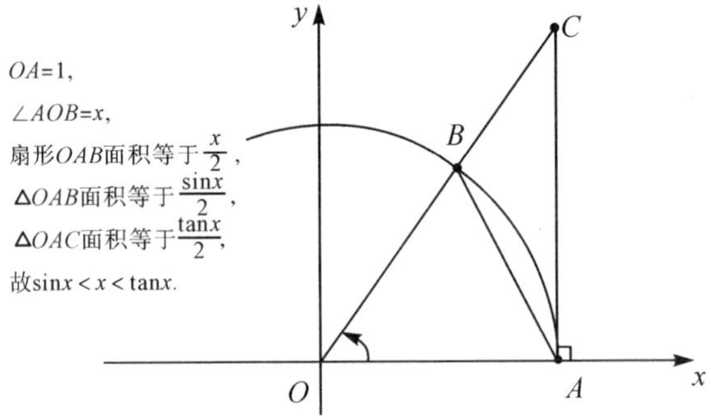

图5—2　一个关于正弦的不等式

例题5—6　求证函数$f(x)=x+\sin x$在$(-\infty,+\infty)$上递增，且其曲线上过任意两点的割线斜率小于2（图5—3）.

证明　对于$u<v$，不等式（5—7）可以写成$-1<\dfrac{\sin v-\sin u}{v-u}<1$的形式，从而有

$$0<\frac{f(v)-f(u)}{v-u}=\frac{v+\sin v-(u+\sin u)}{v-u}=1+\frac{\sin v-\sin u}{v-u}<2. \quad (5-10)$$

由差商的几何意义即得所要结论.

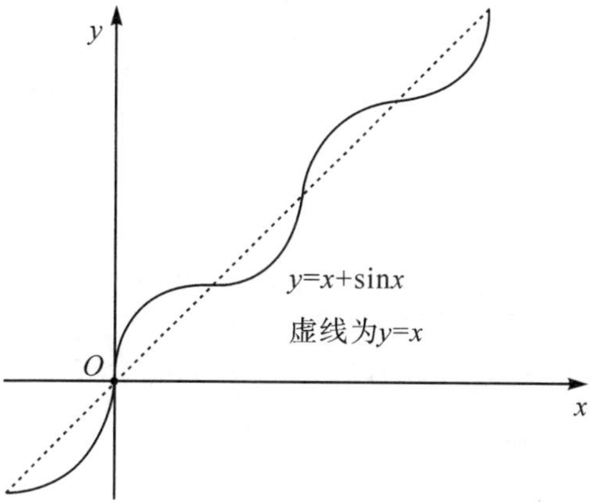

图 5—3　函数 $f(x)=x+\sin x$ 的图像

差商有界函数的例子看了几个，该探讨其性质了.

命题 5.1　(闭区间上差商有界函数必有界)设函数 $f(x)$在区间$[a,b]$上差商有界，则有正数 A 使得对任意 $x\in[a,b]$有$|f(x)|<A$；即函数 $f(x)$在区间$[a,b]$上有界.

证明　由条件可知 $f(x)$在区间$[a,b]$上有李普西兹常数 M，故

$$\begin{aligned}|f(x)|&=|f(a)+f(x)-f(a)|\leqslant|f(a)|+|f(x)-f(a)|\\&\leqslant|f(a)|+M|x-a|\leqslant|f(a)|+M|b-a|.\end{aligned}\tag{5-11}$$

取 $A=|f(a)|+M|b-a|+1$，结论获证.

由此可知，若 $f(x)$有差商有界的乙函数，$f(x)$本身也差商有界.

命题 5.2　若 $f(x)$和 $g(x)$都在闭区间$[a,b]$上差商有界，α 和β 是任意两个常数，则

(i)函数 $h(x)=\alpha f(x)+\beta g(x)$在$[a,b]$上差商有界；

(ii)函数 $H(x)=f(x)\cdot g(x)$在$[a,b]$上差商有界；

(iii)若有正数 m 使对一切 $x\in[a,b]$有$|f(x)|>m$，则函数 $G(x)=\dfrac{g(x)}{f(x)}$在$[a,b]$上差商有界.

证明　分别记 $f(x)$和 $g(x)$在$[a,b]$上的李普西兹常数为 M 和 N，则对任意$[a,b]$上的 u 和 v 有

$$
\begin{aligned}
\text{(i)}\ |h(u)-h(v)| &= |\alpha(f(u)-f(v))+\beta(g(u)-g(v))| \\
&\leqslant |\alpha(f(u)-f(v)|+|\beta(g(u)-g(v))| \\
&\leqslant M|\alpha(u-v)|+N|\beta(u-v)| \\
&= (M|\alpha|+N|\beta|)|u-v|,
\end{aligned} \tag{5-12}
$$

这证明了 $h(x)$在$[a,b]$上差商有界；

(ii)由命题 5.1 知有正数 A 和 B 使当 $x\in[a,b]$时有$|f(x)|<A$ 和$|g(x)|<B$，于是得

$$
\begin{aligned}
|H(u)-H(v)| &= |f(u)\cdot g(u)-f(v)\cdot g(v)| \\
&= |f(u)\cdot g(u)-f(u)g(v)+f(u)g(v)-f(v)\cdot g(v)| \\
&\leqslant |f(u)\cdot(g(u)-g(v))|+|g(v)(f(u)-f(v))| \\
&\leqslant AN|u-v|+BM|u-v|=(AN+BM)|u-v|,
\end{aligned} \tag{5-13}
$$

这证明了 $H(x)$在$[a,b]$上差商有界；

(iii)在所设条件下有

$$
\left|\frac{1}{f(u)}-\frac{1}{f(v)}\right|=\frac{|f(u)-f(v)|}{|f(u)f(v)|}\leqslant\frac{M|u-v|}{m^2}, \tag{5-14}
$$

故$\dfrac{1}{f(x)}$在$[a,b]$上差商有界；再应用(ii)，可知函数 $G(x)=\dfrac{g(x)}{f(x)}=g(x)\cdot\dfrac{1}{f(x)}$在$[a,b]$上差商有界.

命题证毕.

命题 5.3 若 $f(x)$在闭区间$[a,b]$上差商有界，$g(x)$在闭区间$[\alpha,\beta]$上差商有界且其值域包含于$[a,b]$，则函数 $\varphi(x)=f(g(x))$在$[\alpha,\beta]$上差商有界.

证明 设 $f(x)$在$[a,b]$上的李普西兹常数为 M，$g(x)$在$[\alpha,\beta]$上的李普西兹常数为 N，则对任意$[\alpha,\beta]$上的 u 和 v 有

$$
\begin{aligned}
|\varphi(u)-\varphi(v)| &= |f(g(u))-f(g(v))| \\
&\leqslant M|g(u)-g(v)|\leqslant MN|u-v|.
\end{aligned} \tag{5-15}
$$

这表明 $\varphi(x)=f(g(x))$在$[\alpha,\beta]$上差商有界.

在上面几个命题中，不但证明了有关函数差商有界，还在(5－12)到(5－15)诸式中算出了其李普西兹常数，这些算式以后会有用处.

为了讨论反函数的差商，这里再明确一下反函数的概念. 若 $g(x)$的定义域 S 是$f(x)$的值域并取值于 $f(x)$的定义域 M，且对任意 $x\in S$ 总有 $f(g(x))=x$，则称 $g(x)$是 $f(x)$的一个反函数. 如果 $g(x)$的值域就是 $f(x)$的定义域 M，易知对一切 $x\in M$ 也有$g(f(x))=x$，这时 $g(x)$是 $f(x)$的唯一的反函数，$f(x)$也是 $g(x)$的唯一的反函数，称两者互为反函数.

例如，反正弦函数 $\arcsin x$ 的定义域是$[-1,1]$，这是 $\sin x$ 的值域；而 $\arcsin x$ 的值域$\left[-\frac{\pi}{2},\frac{\pi}{2}\right]$包含于 $\sin x$ 的定义域$(-\infty,+\infty)$，且对一切 $x\in[-1,1]$有 $\sin(\arcsin x)=x$，故 $\arcsin x$ 是 $\sin x$ 的一个反函数；同理，$g(x)=2\pi+\arcsin x$ 也是 $\sin x$ 的一个反函数. 若在$\left[-\frac{\pi}{2},\frac{\pi}{2}\right]$上定义一个函数 $f(x)=\sin x$，则 $f(x)$和 $\arcsin x$ 互为反函数.

命题 5.4 若 $f(x)$在区间 I 上有定义且其值域为$[A,B]$，定义于$[A,B]$的 $g(x)$是 $f(x)$的一个反函数. 若有正数 m 使对 I 中任意两数 a 和 b 有

$$|f(a)-f(b)|>m|a-b|, \tag{5－16}$$

则 $g(x)$在$[A,B]$上差商有界.

证明 对于$[A,B]$中任意两数 u 和 v，令 $a=g(u)$、$b=g(v)$；因为 $g(x)$是 $f(x)$的一个反函数，故 $a=g(u)$、$b=g(v)$都在 I 中，且 $f(a)=u$ 与 $f(b)=v$ 不同. 这时不等式(5－16)成为

$$|u-v|>m|g(u)-g(v)|, \tag{5－17}$$

即$|g(u)-g(v)|<\frac{1}{m}|u-v|$，可见 $g(x)$在$[A,B]$上差商有界.

关于反函数的乙函数，则有下列事实：

命题 5.5 设 $F(x)$在$[a,b]$上单调递增，其值域为$[A,B]$；$G(x)$定义于$[A,B]$而值域为$[a,b]$，和 $F(x)$互为反函数. 如果 $f(x)$在$[a,b]$上是 $F(x)$的乙函数且恒

为正，则$\frac{1}{f(G(x))}$是$G(x)$在$[A,B]$上的乙函数.

证明 任取$[A,B]$的子区间$[u,v]$，记$G(u)=y$和$G(v)=z$. 因$f(x)$是$F(x)$的乙函数，故有$[y,z]$上的r和s使得

$$f(r)\leqslant\frac{F(z)-F(y)}{z-y}\leqslant f(s). \tag{5-18}$$

记$F(s)=p$和$F(r)=q$，将$y=G(u)$、$z=G(v)$、$s=G(p)$和$r=G(q)$代入得

$$f(G(q))\leqslant\frac{v-u}{G(v)-G(u)}\leqslant f(G(p)). \tag{5-19}$$

此不等式取倒数得

$$\frac{1}{f(G(q))}\geqslant\frac{G(v)-G(u)}{v-u}\geqslant\frac{1}{f(G(p))}. \tag{5-20}$$

即推知$\frac{1}{f(G(x))}$是$G(x)$的乙函数. 证毕.

从上面几个命题看，差商有界函数是很广泛的一类函数. 例如，所有的多项式函数都是差商有界的；可以写成有理分式的函数除了个别点也是差商有界的. 下面会看到，初等函数除了个别点外都是差商有界的.

我们这样关心差商有界的函数，它有什么好的性质呢？

命题 5.6 （差商有界函数的连续性）设$f(x)$在开区间I上差商有界而$A<B$是任意两数，p是I中一点使$f(p)\in(A,B)$. 则必有两数$\alpha<\beta$满足$p\in(\alpha,\beta)\subseteq I$，使对任意$x\in(\alpha,\beta)$有$f(x)\in(A,B)$.

在证明此命题前，最好先直观地看看这个命题包含了什么意义. 为了简便，这里和今后都把包含点p的开区间叫做p的一个邻域. 如此一来，命题中的(A,B)不过就是$f(p)$的一个邻域，而(α,β)是p的某个邻域. 于是命题告诉我们，差商有界函数f如果把p变到$f(p)$，就必然把p的某个领域的所有点变到$f(p)$的邻域中！这大有“一人得道，鸡犬飞升”之意！

具体一些，如果$(A,B)=(0,+\infty)$，$f(p)\in(A,B)$即$f(p)>0$；如果$(A,B)=(-\infty,0)$，$f(p)\in(A,B)$即$f(p)<0$；因此作为命题的特款就可以断言：若$f(p)>$

0 则 f 在 p 的某个邻域全取正值，若 $f(p)<0$ 则 f 在 p 的某个邻域全取负值！这叫“保号性”.

具有命题 5.6 结论所述性质的函数叫做 I 上的连续函数. 命题 5.6 也就是说：差商有界函数是连续函数. 注意连续函数不一定差商有界. 容易验证 $f(x)=\sqrt{|x|}$ 在 $(-\infty,+\infty)$ 上具有命题 5.5 结论所述性质，但从例题 5－4 可知它不是差商有界的.

命题 5.6 的证明　在 I 中取两数 a、b 使 $a<p<b$ 因为 $f(x)$ 在开区间 I 上差商有界，故有正数 M 使对 $[a,b]$ 中的点 x 有

$$|f(x)-f(p)|\leqslant M|x-p|. \tag{5-21}$$

记 $d=\min\{|f(p)-A|,|f(p)-B|\}$，$\delta=\dfrac{d}{M}$，则当 $x\in(p-\delta,p+\delta)$ 时总有 $|x-p|<\delta=\dfrac{d}{M}$，从而 $|f(x)-f(p)|\leqslant M|x-p|<M\delta=d$，即 $f(x)\in(A,B)$. 令 $\alpha=p-\delta$ 且 $\beta=p+\delta$，即为所求（图 5－4）.

命题 5.6 刻画了连续函数的本质. 后面将进一步阐述其重要应用. 讨论一般的连续函数难度偏大，所以我们知难而退，将比较容易把握的差商有界函数作为主要研究对象. 对差商有界函数熟悉清楚之后，再推广到一般情形是很容易的.

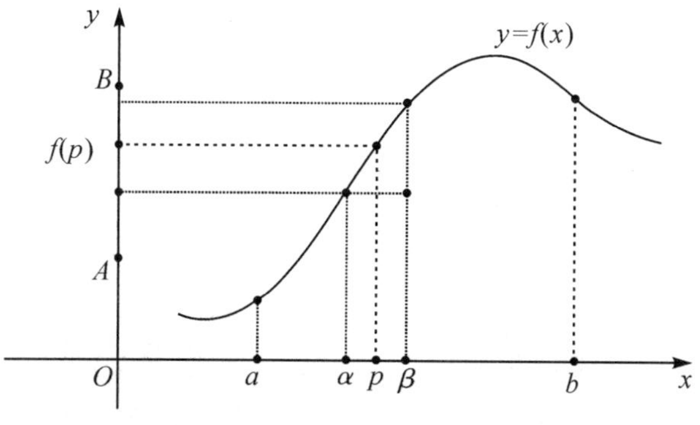

图 5－4　**差商有界函数 f 把 p 的邻域映到 $f(p)$ 的邻域**

习题 5－1　求证函数 $f(x)=|x|$ 在 $(-\infty,+\infty)$ 上差商有界，并求它在 $[a,b]$

上的一个李普西兹常数.

习题 5—2 求证函数 $f(x)=x^3$ 在 $(-\infty,+\infty)$ 上差商有界,并求它在区间 $[a,b]$ 上的一个李普西兹常数.

习题 5—3 求证函数 $f(x)=x+\dfrac{1}{x}$ 在 $(-\infty,0)\cup(0,+\infty)$ 上差商有界,并求它在区间 $[a,b]$ $(a\cdot b>0)$ 上的一个李普西兹常数.

习题 5—4 求证函数 $f(x)=x^{\frac{1}{3}}$ $(x\in(-\infty,+\infty))$ 在 $(-\infty,+\infty)$ 上非差商有界,但在不含 0 的任意区间上差商有界;并对 $0<a<b$ 求它在 $[a,b]$ 上的一个李普西兹常数.

习题 5—5 求证函数 $f(x)\dfrac{1}{1+\cos^2 x}$ 在 $(-\infty,+\infty)$ 上差商有界,并求它在 $[a,b]$ 上的一个李普西兹常数.

习题 5—6 设函数 $f(x)$ 在 $[a,b]$ 上有李普西兹常数 M,求证函数 $g(x)=f(x)-(M+0.001)x$ 在 $[a,b]$ 上递减.

习题 5—7 在 $[a,b]$ 上任取两点 u 和 v 可以确定函数 $f(x)=x^2$ 在 u 和 v 处的差商 $Q(u,v)$. 请讨论 $Q(u,v)$ 的取值范围.

第6讲

建立估值定理喜看殊途同归

第 1 讲引进了函数的导数，第 2 讲引进了函数的乙函数. 一个一个比较两讲中的命题，会引起一个猜想，乙函数就是导数吧？

导数的概念，从一开始就和神秘莫测的无穷小结下不解之缘；而乙函数的引入，却如此平凡普通，两者怎么可能是一回事儿？

现在真相即将浮出水面. 借助于"差商有界"的概念，乙函数和导数之间的关系就要明朗化了.

命题 6.1 设函数 $g(x)$ 是 $f(x)$ 在 $[a,b]$ 上的乙函数；如果 $g(x)$ 在 $[a,b]$ 上差商有界且 M 是其李普西兹常数，则对 $[a,b]$ 中任意两点 $u<v$ 和 $s\in[u,v]$ 有

$$\left|\frac{f(v)-f(u)}{v-u}-g(s)\right|\leqslant M|v-u|. \tag{6-1}$$

或者等价地

$$|f(v)-f(u)-g(s)(v-u)|\leqslant M(v-u)^2. \tag{6-2}$$

证明 由乙函数定义，有 $[u,v]$ 上的点 p 和 q 使 $g(p)\leqslant\frac{f(v)-f(u)}{v-u}\leqslant g(q)$，同减 $g(s)$ 得

$$g(p)-g(s)\leqslant\frac{f(v)-f(u)}{v-u}-g(s)\leqslant g(q)-g(s);\tag{6-3}$$

再由 $g(x)$在$[a,b]$上差商有界且 M 是其李普西兹常数得

$$|g(p)-g(s)|\leqslant M|p-s|\leqslant M|u-v|,$$

$$|g(q)-g(s)|\leqslant M|q-s|\leqslant M|u-v|.\tag{6-4}$$

将式(6—4)用于式(6—3),即得不等式(6—1);去分母得式(6—2). 证毕.

不等式(6—1)表明,在命题条件下 $f(x)$在$[u,v]$上的平均变化率可以取 $g(x)$在$[u,v]$上的任一点 s 处的值作为近似值. 其误差不超过 $M|v-u|$. 这比乙函数定义中的估值不等式更具体.

再仔细看看不等式(6—1),你发现了什么?

注意 s 是$[u,v]$上的任意一点,所以可令 $s=u$;再记 $v-u=h$,于是 $v=u+h$,(6—1)就成了

$$\left|\frac{f(u+h)-f(u)}{h}-g(u)\right|\leqslant M|h|.\tag{6-5}$$

不等式(6—5)就是林群提出的简化的导数定义.

在上面这个不等式中,如果 h 无限地趋于 0,右边的 $M|h|$ 也就无限地趋于 0,从而差商$\frac{f(u+h)-f(u)}{h}$和一个确定的数 $A=g(u)$无限接近. 按定义 1,$g(u)$就是函数 $f(x)$在点 $x=u$ 处的导数! $f'(u)=g(u)$!

真相大白,水落石出. 原来差商有界的乙函数就是导数.

反过来,导数是否一定是差商有界的乙函数呢?

这可不一定. 观察不等式(6—5),如果把右端的 $M|h|$ 换成 $M\sqrt{|h|}$,让 h 无限地趋于 0,右边的 $M\sqrt{|h|}$ 仍然无限地趋于 0,$g(u)$仍是函数 $f(x)$在点$x=u$处的导数!

对任意正整数 $n>1$,把 $M|h|$ 换成 $M\sqrt[n]{|h|}$,仍然推出 $g(u)$是函数 $f(x)$在点$x=u$处的导数. 条条大路通罗马.

因此,不等式(6—5)是 $f'(u)=g(u)$的充分条件,而不是必要条件. 为区别不

等式(6—5)和 $f'(u)=g(u)$，我们给出下面的定义.

定义 5 (强可导函数的导数)设函数 $f(x)$ 和 $g(x)$ 在 $[a,b]$ 上有定义. 如果有数 M 使对 $[a,b]$ 上任两点 x 和 $x+h$ 成立不等式

$$|f(x+h)-f(x)-g(x)h|\leqslant Mh^2, \tag{6—6}$$

或等价的

$$\left|\frac{f(x+h)-f(x)}{h}-g(x)\right|\leqslant M|h|, \tag{6—7}$$

则称函数 $y=f(x)$ 在 $[a,b]$ 上强可导；若 $f(x)$ 在区间 I 的任意闭子区间都是强可导的，则称其在 I 上强可导. 称 $g(x)$ 是 $f(x)$ 是强导数.

如上所述，强导数也是导数，故同样记作 $f'(x)=g(x)$ 或 $y'=g(x)$，也可记作 $\frac{\mathrm{d}y}{\mathrm{d}x}=g(x)$ 或 $\frac{\mathrm{d}f(x)}{\mathrm{d}x}=g(x)$、$\frac{\mathrm{d}f}{\mathrm{d}x}=g(x)$ 等. 在国外一些大学的微积分教材中，强可导叫做李普西兹可导，强可导函数的导数叫做李普西兹导数.

同样是定义导数，定义 5 比定义 1 清楚. 定义 1 中用到一些直观的描述，有待在将来严谨化. 定义 5 则是明明白白的不等式.

不等式(6—7)的意义比较清楚：$f(x)$ 的导数 $f'(x)=g(x)$ 是差商 $\frac{f(x+h)-f(x)}{h}$ 的近似值，对于强导数而言，误差不超过 $M|h|$.

去分母之后的式(6—6)即 $|f(x+h)-f(x)-f'(x)h|\leqslant Mh^2$，又有什么意义呢?

通常把 $f(x+h)-f(x)$ 叫做函数 f 在 x 处的差分，通常记作 Δy 或者 $\Delta f(x)$、Δf 等；$f'(x)h$ 叫做 f 在 x 处的**微分**，通常记作 $\mathrm{d}y$ 或者 $\mathrm{d}f(x)$、$\mathrm{d}f$ 等. 式(6—6)表明当 h 接近于 0 时，差分与微分之差比 h 更接近于 0，对于强导数而言，此差不超过 Mh^2.

在第 3 讲里提出了曲线切线的独立的定义，即定义 3. 为了说明函数的导数是其曲线的切线斜率，按该定义需要证明一个不等式 $d(B,AP)>d(B,AQ)$(见式(3—4)和式(3—5)及其上下文). 现在有了强可导的概念，可以把这个问题说清楚了!

为了阅读方便,下面重复一段第 3 讲的文字和一幅图的内容.

设函数 $f(x)$在$[a,b]$上强可导,而 $u\in(a,b)$. 如图 3—6,点 $A=(u,f(u))$在函数 $y=f(x)$的曲线上.

要证明在点 A 附近最接近曲线 $y=f(x)$的是图中直线 AQ: $y=f'(u)(x-u)+f(u)$. 另一条直线 AP 为 $y=k(x-u)+f(u),k\neq f'(u)$.

设 $B=(v,f(v))$是曲线 $y=f(x)$上另一点,如图,分别计算它到 AQ 和 AP 的距离. 记 $h=v-u\neq 0$,可得

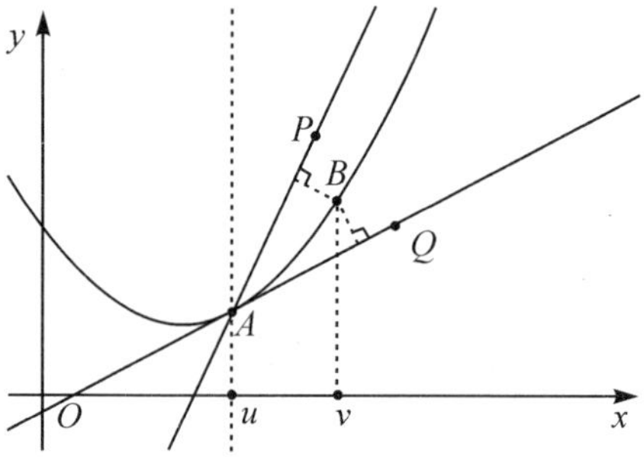

复制图 3—6　曲线上一点到两直线距离的比较

$$d(B,AP)=\frac{|kv-f(v)+f(u)-ku|}{\sqrt{1+k^2}}=\frac{|f(v)-f(u)-kh|}{\sqrt{1+k^2}}, \tag{3—4}$$

$$d(B,AQ)=\frac{|f'(u)v-f(v)+f(u)-f'(u)u|}{\sqrt{1+f'(u)^2}}$$

$$=\frac{|f(v)-f(u)-f'(u)h|}{\sqrt{1+f'(u)^2}}. \tag{3—5}$$

要证明的是,当$|h|>0$ 足够小时有 $d(B,AP)>d(B,AQ)$.

设 u 和 v 都在$[a,b]$上,根据强可导函数的定义,有正数 M 使得

$$|f(v)-f(u)-f'(u)h|\leqslant Mh^2,$$

故由式(3—5)得 $d(B,AQ)=\frac{|f(v)-f(u)-f'(u)h|}{\sqrt{1+f'(u)^2}}\leqslant Mh^2$,而由(3—4)则有

$$d(B,AP)=\frac{|f(v)-f(u)-kh|}{\sqrt{1+k^2}}$$

$$=\frac{|f(v)-f(u)-f'(u)h+(f'(u)-k)h|}{\sqrt{1+k^2}}$$

$$\geqslant\frac{|(f'(u)-k)h|-|f(v)-f(u)-f'(u)h|}{\sqrt{1+k^2}}$$

$$\geqslant\frac{|(f'(u)-k)h|-Mh^2}{\sqrt{1+k^2}}.$$

于是为了使 $d(B,AP)>d(B,AQ)$，只要 $\frac{|(f'(u)-k)h|-Mh^2}{\sqrt{1+k^2}}>Mh^2$ 即可.

这只要 $|f'(u)-k|>M|h|(1+\sqrt{1+k^2})$，即 $|h|<\frac{|f'(u)-k|}{M(1+\sqrt{1+k^2})}$ 就可以了.

至此，对于强可导函数，我们严谨地论证了导数确实是函数曲线上的切线的斜率.

由于导数 $f'(x)$ 是函数 f 的曲线在 x 处的切线的斜率，所以差分和微分的关系如图 6—1. 图中 $AD=h$，切线 AC 的斜率为 $f'(x)$，故 $DC=f'(x)h$ 是 $f(x)$ 的微分，而 $BD=f(x+h)-f(x)$ 为差分. 两者之差 BC 当 $AD=h$ 很小时比 h 更小，即不但 BC 很小，比值 $\frac{BC}{AD}$ 也很小.

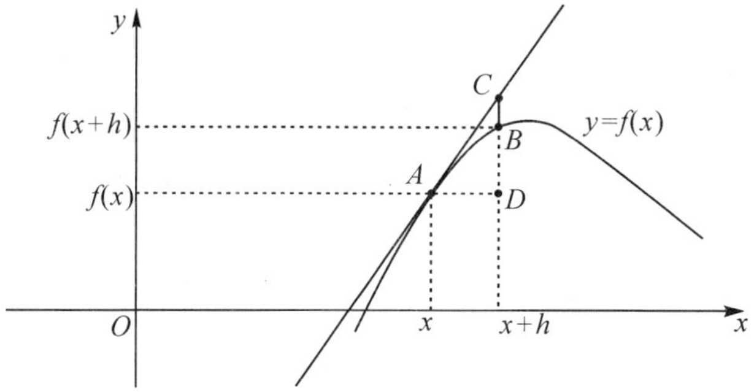

图 6—1　当 h 很小时微分和差分的差更小

由命题 6.1 和定义 5，差商有界的乙函数不但是导数，而且是强导数，如果 $f(x)$ 有差商有界的乙函数，则它是强可导的.

回顾第 1 讲计算的几个函数的导数，即第 2 讲里举出的乙函数，它们都是差商有界函数，所以无一例外都是李普西兹导数. 事实上，想找一个可导但不是强可导的函数是相当不容易的. 在高等数学教材的习题或试卷上出现的函数,99%以上是强可导的.

数学中讨论问题,常常要考虑正反两个方面,知道了差商有界的乙函数是强导数,自然要问反过来如何.

命题 6.2 (强导数和强可导函数的差商有界性和有界性)设在区间 I 上 $g(x)$ 是$f(x)$的强导数,则有

(i)$g(x)$和 $f(x)$都在 I 上差商有界;

(ii)对于任意的$[a,b]\in I$,$g(x)$和 $f(x)$都在$[a,b]$上有界.

证明 关键在于证明 $g(x)$在 I 上差商有界.

(i)根据定义 5. 对$[a,b]\in I$ 有正数M 使对$[a,b]$上任两点 u 和 $v=u+h$ 成立不等式

$$-Mh^2\leqslant f(v)-f(u)-g(u)h\leqslant Mh^2; \tag{6-8}$$

交换 u 和 v 的位置得

$$-Mh^2\leqslant f(u)-f(v)+g(v)h\leqslant Mh^2. \tag{6-9}$$

两式相加得

$$-2Mh^2\leqslant (g(v)-g(u))h\leqslant 2Mh^2. \tag{6-10}$$

于是有$|g(v)-g(u)|\leqslant 2M|v-u|$,可见 $g(x)$在 I 的任意闭子区间上差商有界,即在 I 上差商有界.

由命题 5.1,$g(x)$在 I 的任意闭子区间$[a,b]$上有界,即有正数 M_1 使对任意 $x\in[a,b]$有$|g(x)|<M_1$.

于是由强导数定义可知有正数 M_2,使对$[a,b]$上任意两点 u 和 v 有不等式

$$|f(v)-f(u)-g(u)(v-u)|\leqslant M_2(v-u)^2,$$

从而得

$$|f(v)-f(u)|\leqslant|g(u)(v-u)|+M_2(v-u)^2<|M_1+M_2\cdot(b-a)||v-u|,$$

这证明了 $f(x)$在$[a,b]$上差商有界. 由于$[a,b]$是 I 的任意闭子区间,故 $f(x)$在 I 上差商有界.

(ii)由命题 5.1,由 $f(x)$在$[a,b]$上差商有界知 $f(x)$在$[a,b]$上有界,另上面已经证明有正数 M_1 使对任意 $x\in[a,b]$有$|g(x)|<M_1$,即得所要的结论.

进一步问,强导数是否一定也是乙函数呢?下面做出了肯定的回答.

命题 6.3 (估值定理)设 $f(x)$在 I 上强可导,$f'(x)=g(x)$,则 $g(x)$是 $f(x)$在 I 上的乙函数.即对任意$[u,v]\subseteq I$,有$[u,v]$中的两点 p 和 q 满足

$$g(p)\leqslant\frac{f(v)-f(u)}{v-u}\leqslant g(q). \tag{6-11}$$

证明 若对于所有 $x\in(u,v]$差商$\frac{f(x)-f(u)}{x-u}$为常数,结论显然.如不然,必有$[r,s]\subset[u,v]$使得

$$\frac{f(v)-f(u)}{v-u}-\frac{f(s)-f(r)}{s-r}=d>0. \tag{6-12}$$

由强可导定义,有正数 M 使对一切 $x\in[u,v]$和$(x+h)\in[u,v]$有

$$\left|\frac{f(x+h)-f(x)}{h}-g(x)\right|\leqslant M|h|. \tag{6-13}$$

取正整数 $n>\frac{M(s-r)}{d}$,将$[r,s]$等分为 n 段,记 $h=\frac{s-r}{n}$,则 $Mh<d$;且 n 段中必有一段$[p,p+h]$使得不等式

$$\frac{f(p+h)-f(p)}{h}\leqslant\frac{f(s)-f(r)}{s-r} \tag{6-14}$$

成立.由式(6—13)、式(6—14)和 $Mh<d$ 以及式(6—12)得

$$g(p)\leqslant\frac{f(p+h)-f(p)}{h}+Mh<\frac{f(s)-f(r)}{s-r}+d=\frac{f(v)-f(u)}{v-u}. \tag{6-15}$$

为了证明结论的另一半,可设 $G(x)=-f(x)$,则 $G'(x)=-g(x)$.对 $G(x)$应用上面得到的结论,可知有 $q\in[u,v]$满足

$$-g(q)\leqslant\frac{G(v)-G(u)}{v-u}=\frac{-(f(v)-f(u))}{v-u},$$

即满足$\frac{f(v)-f(u)}{v-u}\leqslant g(q)$.命题证毕.

射人先射马,擒贼先擒王.理解数学证明,要抓主干思想.命题 6.3 的证明好像

环节较多，又是中学生不很熟悉的不等式，仅仅循章索句来读，必有困难. 若先理清其思路，则有高屋建瓴之效果. 命题要求找两点 p 和 q 使 $g(p)$ 和 $g(q)$ 能够把差商 $\frac{f(v)-f(u)}{v-u}$ 夹在中间. 设想若 $f(x)$ 在 $[u,v]$ 上不是均匀变化，把 $[u,v]$ 分成多个小段时，其中必有两小段上的差商能够把差商 $\frac{f(v)-f(u)}{v-u}$ 夹在中间. 根据强可导定义，小段上的差商和该段端点处的强导数 $g(x)$ 的值很接近，于是用 $g(x)$ 的值代替小段上的差商就可以完成证明. 具体的不等式推演，不过是上述思想的实现而已.

命题 6.3 在微积分中的作用，相当于传统微积分教程中的拉格朗日中值定理，所以命名为"估值定理"与之对应. 拉格朗日中值定理的成立依赖于实数理论，其证明又涉及极限概念和闭区间上连续函数的性质，推理迂回繁琐. 我们仅仅对函数类加上差商有界的限制，就减少了很多麻烦，确实合算. 而且如果略为深入探索，差商有界的限制还可以大大放宽，这是后话.

将上面三命题集成，得到想要的结论：

命题 6.4　$g(x)$ 在区间 I 上为 $f(x)$ 的强导数的充要条件，是 $g(x)$ 在区间 I 上差商有界且为 $f(x)$ 的乙函数.

这样一来，前面所述有关乙函数的性质、乙函数的运算、乙函数的应用，都可以适用于强导数. 另一方面，验证一下强导数定义中的不等式(6－6)或(6－7)，就一箭双雕地确认了 $g(x)$ 既差商有界又是 $f(x)$ 的乙函数.

对许多函数，验证不等式(6－6)或式(6－7)并不难. 举几个例子.

例题 6－1　求证 $g(x)=2x$ 是函数 $f(x)=x^2$ 的强导数

证明 1　计算差商得

$$\frac{f(x+h)-f(x)}{h}=\frac{(x+h)^2-x^2}{h}=2x+h,$$

故有

$$\left|\frac{f(x+h)-f(x)}{h}-2x\right|\leqslant|h|. \tag{6－16}$$

由定义知 $2x$ 是 x^2 的强导数.

证明 2　因 $2x$ 是 x^2 的差商有界的乙函数，故是 x^2 的强导数.

如图 6—2，$y=x^2$ 表示边长为 x 的正方形的面积. 如果 x 增大成为 $x+h$，则正方形面积增加的部分，即差分 $(x+h)^2-x^2=2xh+h^2$；它由 2 个面积为 xh 的长条矩形和一个面积为 h^2 的小正方形组成. 微分则为 $2xh$，舍弃了面积为 h^2 的小正方形.

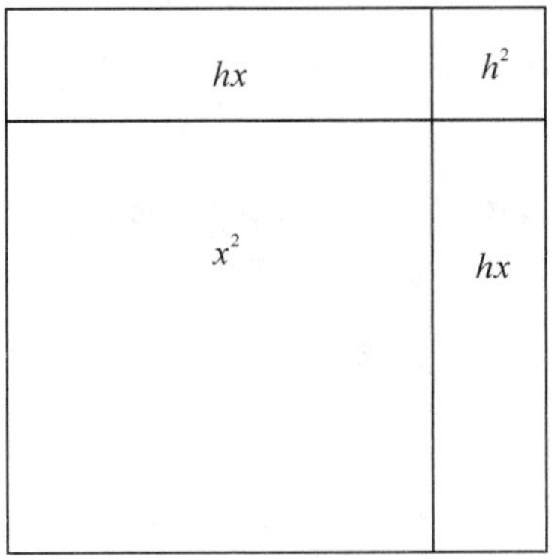

图 6—2　正方形面积的增加部分

例题 6—2　求函数 $f(x)=x^3$ 的强导数.

解 1　函数 $f(x)=x^3$ 的差商为

$$\frac{(x+h)^3-x^3}{h}=3x^2+3xh+h^2,$$

在任意区间 $[a,b]$ 上有不等式

$$\left|\frac{f(x+h)-f(x)}{h}-3x^2\right|=|(3x+h)h|\leqslant 3(|a|+|b|)|h|. \qquad (6-17)$$

由定义得 $f(x)=x^3$ 强可导且 $f'(x)=(x^3)'=3x^2$.

解 2　因 $3x^2$ 是 x^3 的差商有界的乙函数，故是 x^3 的强导数.

例题 6—3　求 $F(x)=\dfrac{1}{x}(x\neq 0)$ 的强导数.

解 1　对于不含 0 的闭区间 $[a,b]$ 中的 x 和 $x+h$ 计算差商得

$$\frac{F(x+h)-F(x)}{h}=-\frac{1}{x(x+h)}=-\frac{1}{x^2}+\frac{h}{x^2(x+h)}, \qquad (6-18)$$

移项，并且设 $m=\min\{|a|,|b|\}$，则有

$$\left|\frac{F(x+h)-F(x)}{h}-\left(-\frac{1}{x^2}\right)\right|=\left|\frac{h}{x^2(x+h)}\right|\leqslant\frac{|h|}{m^3}. \qquad (6-19)$$

由定义得$-\frac{1}{x^2}$是$\frac{1}{x}$的强导数.

解 2　因$-\frac{1}{x^2}$是$\frac{1}{x}$的差商有界的乙函数,故是$\frac{1}{x}$的强导数.

例题 6—4　求证$\frac{1}{2\sqrt{x}}$是函数$G(x)=\sqrt{x}(x>0)$的强导数.

解 1　设$0<a<b$,在$[a,b]$上估计函数的差商和$\frac{1}{2\sqrt{x}}$的差得

$$\begin{aligned}\left|\frac{\sqrt{x+h}-\sqrt{x}}{h}-\frac{1}{2\sqrt{x}}\right|&=\left|\frac{1}{\sqrt{x+h}+\sqrt{x}}-\frac{1}{2\sqrt{x}}\right|\\&=\left|\frac{\sqrt{x+h}-\sqrt{x}}{2\sqrt{x}(\sqrt{x+h}+\sqrt{x})}\right|\\&=\left|\frac{h}{2\sqrt{x}(\sqrt{x+h}+\sqrt{x})^2}\right|\\&\leqslant\frac{|h|}{8a\sqrt{a}}.\end{aligned}\tag{6—20}$$

由定义得知$\frac{1}{2\sqrt{x}}$是$\sqrt{x}$的强导数.

将(6—20)写成形式$\left|\sqrt{x+h}-\left(\sqrt{x}+\frac{h}{2\sqrt{x}}\right)\right|\leqslant\frac{|h|^2}{8a\sqrt{a}}$,可以看出$\sqrt{x+h}$的近似值为$\sqrt{x}+\frac{h}{2\sqrt{x}}$而误差不超过$\frac{|h|^2}{8a\sqrt{a}}$,这里$a$可取$x$和$x+h$中较小者.例如,$\sqrt{50}=\sqrt{49+1}\approx\sqrt{49}+\frac{1}{2\sqrt{49}}=7.071428\cdots$,误差不超过$\frac{1}{8\cdot 7^3}\approx 0.0004$.这比例题1—2和2—2更为直截了当.

解 2　因$\frac{1}{2\sqrt{x}}$是$\sqrt{x}$的差商有界的乙函数,故是$\sqrt{x}$的强导数.

下面涉及一些新的求导公式,不再作为例题,升格为命题.

命题 6.5　求正整数n,函数$g(x)=nx^{n-1}$是$f(x)=x^n$的强导数.

证明　由

$$f(x+h)-f(x)=(x+h)^n-x^n=nx^{n-1}h+\sum_{k=2}^{n}C_n^k x^{n-k}h^k,$$

当 $x\in[a,b]$时得

$$\left|\frac{f(x+h)-f(x)}{h}-nx^{n-1}\right|=\left|\sum_{k=2}^{n}C_n^k x^{n-k}h^{k-1}\right|$$

$$\leqslant 2^n(|a|+|b|)^{n-2}|h|. \tag{6-21}$$

由定义可知 $f(x)=x^n$ 强可导且

$$f'(x)=(x^n)'=nx^{n-1}.$$

顺便得知 $g(x)=nx^{n-1}$是 $f(x)=x^n$ 的差商有界的乙函数.

命题 6.6 函数 $\cos x$ 是 $\sin x$ 的强导数，$-\sin x$ 是 $\cos x$ 的强导数.

证明 前面已经证明 $\cos x$ 差商有界，下面再证明 $\cos x$ 是 $\sin x$ 的乙函数，就推出 $\cos x$ 是 $\sin x$ 的强导数.

对任意整数 k 和$[k\pi,(k+1)\pi]$上的两点 $u<v=u+2h$，有：

$$\frac{\sin v-\sin u}{v-u}=\frac{\sin v-\sin u}{2h}=\frac{\sin h}{h}\cdot\cos\frac{v+u}{2} \tag{6-22}$$

注意当 $0<h<\frac{\pi}{2}$时有 $\sin h<h<\tan h$（参看图 5－2），从而 $0<h\leqslant\frac{\pi}{2}$时有 $0\leqslant\cos h<\frac{\sin h}{h}<1$；于是(6－22)的左端在 $\cos\frac{v+u}{2}$和

$$\cos h\cdot\cos\frac{v+u}{2}=\cos\frac{v-u}{2}\cdot\cos\frac{v+u}{2}=\frac{\cos u+\cos v}{2} \tag{6-23}$$

之间. 注意 $\cos x$ 在$[k\pi,(k+1)\pi]$单调，故 $\cos\frac{v+u}{2}$和$\frac{\cos u+\cos v}{2}$都在 $\cos u$ 和 $\cos v$ 之间，这表明，在$[k\pi,(k+1)\pi]$上 $\cos x$ 是 $\sin x$ 的乙函数. 从而在$(-\infty,+\infty)$上 $\cos x$ 也是 $\sin x$ 的乙函数，应用命题 2.3 可知 $\cos\left(x+\frac{\pi}{2}\right)=-\sin x$ 是 $\sin\left(x+\frac{\pi}{2}\right)=\cos x$ 的强导数. 证毕.

直观地看，$\cos x$ 是 $\sin x$ 的乙函数可以用几何图形清楚地说明. 如图 6－3，设 $u<v<\pi$ 且 $u+v<\pi$，作腰长 $AC=BC=1$ 且顶角$\angle ACB=v-u=2h$ 的等腰三角

形 ABC；延长 BA 至 D 使得 $\angle ACD=u$，记 $CD=b$；作三角形 ABC 的高 CE；以 C 为心 AC 为半径作弧 AB，则其长度 $\alpha=2h$，；以 C 为心 AE 为半径作弧 PQ，则扇形 PQC 面积为 $\sigma=CE^2h$；作三角形 ACD 的高 DF、ECD 的高 EG 和 BCD 的高 BH；记三角形 ABC 的面积为 $\triangle_{ABC}$，则有

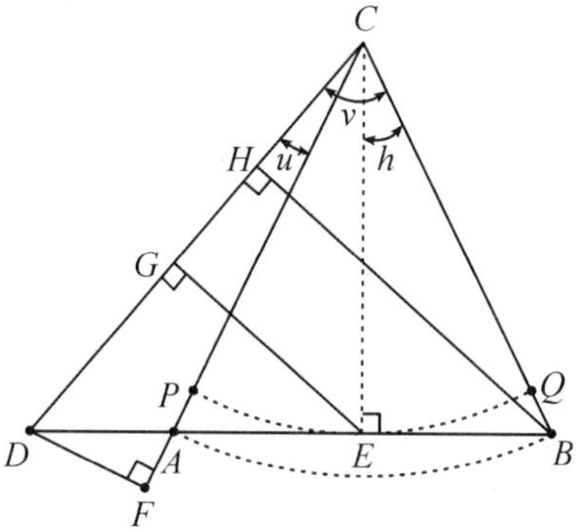

图 6—3 从几何上看 $\cos x$ 是 $\sin x$ 的乙函数

$$\triangle_{ABC}=\triangle_{BCD}-\triangle_{ACD}=\frac{b}{2}(\sin v-\sin u), \tag{6—24}$$

$$\triangle_{ABC}=\frac{CE\cdot AB}{2}<\frac{CE\cdot\alpha}{2}=CE\cdot h<CA\cdot h<CF\cdot h$$

$$=h\cdot b\cdot\cos u, \tag{6—25}$$

$$\triangle_{ABC}>\sigma=CE^2h=b\cdot GC\cdot h>b\cdot HC\cdot h=b\cdot h\cdot\cos v. \tag{6—26}$$

（关于不等式(6—26)，图上画出的是 v 为锐角情形，非锐角情形显然成立.）于是得

$$h\cdot b\cdot\cos v<\frac{b}{2}(\sin v-\sin u)<h\cdot b\cdot\cos u. \tag{6—27}$$

同除以 hb，注意 $2h=v-u$ 便得

$$\cos v<\frac{\sin v-\sin u}{v-u}<\cos u. \tag{6—28}$$

这样推理清清楚楚，而且不用先预备好关于正弦的不等式.

在式(6—28)中取 $u=x$ 和 $v=x+h$，移项去分母得

$$|\sin(x+h)-(\sin x+h\cos x)|<|h(\cos v-\cos u)|<h^2. \tag{6—29}$$

这表明 $\sin x+h\cos x$ 是 $\sin(x+h)$ 的近似值，误差不超过 h^2.

例题 6—5 应用式(6—29)求 $\sin 31°$的近似值.

解 在式(6—29)中取 $x=30°=\frac{\pi}{6}$和 $h=1°=\frac{\pi}{180}\approx 0.017453$,得到

$$\sin 31°\approx \sin 30°+0.017453\cos 30°=0.5+0.017453\times\frac{\sqrt{3}}{2}\approx 0.5151,$$

误差不超过$\left(\frac{\pi}{180}\right)^2\approx 0.0003$.

习题 6—1 求函数 $f(x)=x^2+\frac{1}{x}$的强导数.

习题 6—2 求函数 $f(x)=x^{\frac{1}{3}}$的强导数.

习题 6—3 求 $F(x)=x^4+3x^3+3x^2+x$ 的强导数.

习题 6—4 求函数 $G(x)=\sqrt{1+x^2}$的强导数.

习题 6—5 求证对负整数 n,函数 $g(x)=nx^{n-1}(x\neq 0)$是 $f(x)=x^n$ 的强导数.

习题 6—6 如图 6—4,在单位圆 O 上取 A、B、C 使得$\angle BOA=u$ 和$\angle COA=v$,$\widehat{BC}$表示弧长.

求证:$\cos v<\frac{\sin v-\sin u}{v-u}<\cos u$.

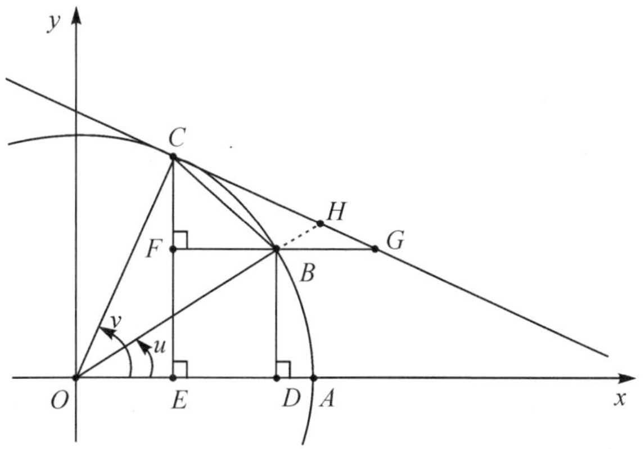

图 6—4 $\cos x$ 是 $\sin x$ 的乙函数的又一几何说明

习题 6—7 应用式(6—29)求 $\cos 44°$的近似值.

第7讲

四则运算求导公式扩大战果

从第1讲开始，我们就知道了几个函数的导数计算公式，接下来我们知道，这几个函数的导数也都是乙函数，而且差商有界；更进一步知道，差商有界的乙函数都是强导数. 利用乙函数和强导数的定义，我们用严谨清楚的不等式代替了直观但一时还说不清的极限概念，并且进一步求出了 x^n 和 $\sin^x$ 的导数(而且是强导数). 运用这些函数的导数，解决了一批原本看起来比较困难的问题：求曲线的切线、求函数的最值、估计某些函数的数值等.

为了更广泛地应用导数知识，就要知道更多函数的求导公式. 根据定义一个函数一个函数地推导，显然是个笨办法. 开始用笨办法求几个函数的导数，是必要的. 进一步，应当在此基础上提升，扩大战果.

其实，前面也用了扩大战果的思想. 利用命题 2.3 和乙函数与强导数的关系，如果知道了 $f(x)$的强导数，就能求出 $f(x)+k\cdot x+C$ 的强导数和 $f(k\cdot x+C)$的强导数：

$$(f(x)+k\cdot x+C)'=f'(x)+k;$$

$$(f(k\cdot x+C))'=k\cdot f'(k\cdot x+C).$$

注意上面后一个等式中求导记号的写法：表达式括弧外的一撇$(f(k\cdot x+C))'$，表示先将$k\cdot x+C$代入$f(x)$再求导；而函数名上的一撇$f'(k\cdot x+C)$，则表示先求导再把$k\cdot x+C$代入. 例如设$f(x)=x^2$，则

$$(f(k\cdot x+C))'=((k\cdot x+C)^2)'=(k^2x^2+2kCx+C^2)'=2k^2x+2kC,$$

$$f'(k\cdot x+C)=(x^2)'=2(k\cdot x+C).$$

显然两者有所不同，前者多一个常数因子k.

有了这样的公式，在计算函数$f(x)=(3x+2)^{13}$的导数时，就不必展开. 直接用公式得到$f'(x)=((3x+2)^{13})'=3\cdot 13(3x+2)^{12}=39(3x+2)^{12}$. 这就是扩大战果的好处.

由此自然联想到要问，知道了$f(x)$和$g(x)$的导数，能不能据此计算出两个函数的和、差、积、商的导数？

下面的几个命题，圆满地实现了这个扩大战果的设想.

命题 7.1 （函数和的求导法）若$f(x)$和$g(x)$都在区间I上强可导，则函数$f(x)+g(x)$也在区间I上强可导，且有

$$(f(x)+g(x))'=f'(x)+g'(x). \tag{7—1}$$

证明 根据强可导的定义和题设，对于任意闭区间$[a,b]\subseteq I$，有正数M_1和M_2使对$[a,b]$中任意的x和$x+h$有下列不等式成立

$$-M_1h^2\leqslant f(x+h)-f(x)-f'(x)h\leqslant M_1h^2, \tag{7—2}$$

$$-M_2h^2\leqslant g(x+h)-g(x)-g'(x)h\leqslant M_2h^2. \tag{7—3}$$

两式相加，记$H(x)=f(x)+g(x)$，得

$$\begin{aligned}&-(M_1+M_2)h^2\\&\leqslant H(x+h)-H(x)-(f'(x)+g'(x))h\\&\leqslant(M_1+M_2)h^2,\end{aligned} \tag{7—4}$$

记$M_1+M_2=M$，可将上式写成

$$|H(x+h)-H(x)-(f'(x)+g'(x))h|\leqslant Mh^2. \tag{7—5}$$

由定义可知$f'(x)+g'(x)$在I上是$H(x)=f(x)+g(x)$的强导数.

由于 $-g(x)$ 显然强可导且有 $(-g(x))'=-g'(x)$，故可知 $f'(x)-g'(x)$ 在 I 上是 $f(x)-g(x)$ 的强导数.

有了上面的命题，所有多项式函数的导数都容易计算了.

命题 7.2 （函数积的求导法）若 $f(x)$ 和 $g(x)$ 都在区间 I 上强可导，则函数 $f(x)\cdot g(x)$ 也在区间 I 上强可导，且有

$$(f(x)\cdot g(x))'=f'(x)\cdot g(x)+g'(x)\cdot f(x). \tag{7-6}$$

证明 根据强可导的定义和题设，对于任意闭区间 $[a,b]\subseteq I$，有正数 M_1 和 M_2 使对 $[a,b]$ 中任意的 x 和 $x+h$ 有不等式(7—2)和(7—3)成立. 记

$$R_1=f(x+h)-f(x)-f'(x)h, \tag{7-7}$$

$$R_2=g(x+h)-g(x)-g'(x)h. \tag{7-8}$$

则有

$$|R_1|\leqslant M_1h^2,\ |R_2|\leqslant M_2h^2. \tag{7-9}$$

此外，由命题 6.2 可知有正数 A 使对 $[a,b]$ 中任意 x 和 $x+h$ 有

$$|f(x+h)|<A,\ |g(x+h)|<A,$$

$$|f'(x)|<A,\ |g'(x)|<A. \tag{7-10}$$

将(7—7)和(7—8)移项得

$$f(x+h)-R_1=f(x)+f'(x)h, \tag{7-11}$$

$$g(x+h)-R_2=g(x)+g'(x)h. \tag{7-12}$$

两式相乘得

$$f(x+h)g(x+h)-R_1g(x+h)-R_2f(x+h)+R_1R_2=f(x)g(x)+$$
$$(f(x)g'(x)+g(x)f'(x))h+f'(x)g'(x)h^2. \tag{7-13}$$

记 $H(x)=f(x)g(x)$，由(7—13)移项再用不等式(7—9)和(7—10)得

$$|H(x+h)-H(x)-(f(x)g'(x)-g(x)f'(x))h|$$
$$=|f'(x)g'(x)h^2+R_1g(x+h)+R_2f(x+h)-R_1R_2|$$
$$\leqslant|f'(x)g'(x)h^2|+|R_1g(x+h)|+|R_2f(x+h)|+|R_1R_2|$$
$$<A^2h^2+M_1Ah^2+M_2Ah^2+M_1M_2h^4$$

$\leqslant Mh^2$, (7—14)

根据强导数的定义,(7—14)表明 $f(x)g'(x)+g(x)f'(x)$是函数 $H(x)=f(x)g(x)$在$[a,b]$上的强导数,因$[a,b]$是 I 的任意闭子区间,故它也是 $H(x)=f(x)g(x)$在 I 上的强导数,即所欲证.

有了函数之积的求导公式,容易从一些简单的等式导出新的等式甚至求导公式.

例题 7—1 求函数 $f(x)=x^2\sin x$ 的导数.

解 $f'(x)=(x^2\sin x)'=x^2\cdot(\sin x)'+(x^2)'\cdot\sin x=x^2\cos x+2x\sin x$.

例题 7—2 试从$(x)'=1$ 出发推导 x^n(n 为正整数)的求导公式.

解 用函数积求导公式可得

$(x^2)'=(x\cdot x)'=x'\cdot x+x'\cdot x=x+x=2x$,

$(x^3)'=(x^2\cdot x)'=(x^2)'\cdot x+x'\cdot x^2=2x^2+x^2=3x^2$,

$(x^4)'=(x^3\cdot x)'=(x^3)'\cdot x+x'\cdot x^3=3x^3+x^3=4x^3$,

……

由此猜想有一般公式$(x^n)'=nx^{n-1}$. 对 n 作数学归纳. 若对 $n=k>1$ 有$(x^k)'=k\cdot x^{k-1}$,则有

$$(x^{k+1})'=(x^k\cdot x)'=(x^k)'\cdot x+x'\cdot x^k=k\cdot x^k+x^k=(k+1)x^k,$$

这证明了一般公式$(x^n)'=nx^{n-1}$成立.

回顾一下,是不是比按定义直接求要方便?

例题 7—3 根据$(\sin x)'=\cos x$,猜想$\left(\dfrac{1}{\sin x}\right)'$的表达式.

解 将等式 $\sin x\cdot\dfrac{1}{\sin x}=1$ 两端求导数得

$$(\sin x)'\cdot\frac{1}{\sin x}+\left(\frac{1}{\sin x}\right)'\cdot\sin x=0,$$

即$\dfrac{\cos x}{\sin x}+\left(\dfrac{1}{\sin x}\right)'\cdot\sin x=0$,解得$\left(\dfrac{1}{\sin x}\right)'=\dfrac{-\cos x}{\sin^2 x}$.

利用函数乘积的求导公式,容易从形式上导出两函数之商的求导公式. 这只要

对等式$\frac{g(x)}{f(x)}\cdot f(x)=g(x)$两端求导，得到

$$\left(\frac{g(x)}{f(x)}\right)'\cdot f(x)+\frac{g(x)}{f(x)}\cdot f'(x)=g'(x). \qquad (7-15)$$

由(7—15)解出$\left(\frac{g(x)}{f(x)}\right)'$，便可以猜想到两函数之商的求导公式：

命题 7.3 （函数商的求导法）若 $f(x)$ 和 $g(x)$ 都在区间 I 上强可导且对任意 $x\in I$ 有 $f(x)\neq 0$，则$\frac{g(x)}{f(x)}$在区间 I 上强可导且

$$\left(\frac{g(x)}{f(x)}\right)'=\frac{f(x)g'(x)-g(x)f'(x)}{f^2(x)}. \qquad (7-16)$$

这样从函数积的求导公式引出函数商的求导公式，要假定商函数$\frac{g(x)}{f(x)}$强可导. 虽缺严谨推导，但便于记忆. 微积分的不少定理公式，都是人们先直观地看出来或大致地算出来，然后再严谨求证的. 学习微积分，也要学这样的似然推理，这样有利于把知识联系起来，不但便于记忆，也能启发创新思维.

应当说明，在中学课程里不要求严谨证明这些求导公式，只要记住并会用就可以了.

在(7—16)中取 $g(x)=1$，便得到函数的倒数的求导公式. 反过来，如果先知道了函数的倒数的求导公式，应用函数乘积的求导公式就能推出函数商的求导公式. 下面的命题证明了闭区间上函数倒数的导数公式，为证明函数商的求导公式提供了基础.

命题 7.4 （闭区间上函数倒数的求导法）设 $f(x)$ 在区间$[a,b]$上强可导，且有正数 B 使得对任意 $x\in[a,b]$有 $|f(x)|\geqslant B$；则$\frac{1}{f(x)}$在$[a,b]$上强可导且

$$\left(\frac{1}{f(x)}\right)'=-\frac{f'(x)}{f^2(x)}. \qquad (7-17)$$

证明 记 $R=f(x+h)-f(x)-f'(x)h$. 由题设条件和强导数定义以及命题 6.2，可知有正数 M_1 和 A 使得对$[a,b]$上的任意两点 x 和 $x+h$ 有诸不等式

$$|R|<M_1h^2, B\leqslant|f(x)|<A, B\leqslant|f(x+h)|<A, |f'(x)|<A;\quad(7-18)$$

从而有

$$\begin{aligned}|f(x+h)-f(x)|&=|R+f'(x)h|\\&\leqslant|R|+|f'(x)h|\\&\leqslant M_1h^2+|Ah|\\&\leqslant(M_1|b-a|+A)|h|.\end{aligned}\quad(7-19)$$

记 $N=M_1|b-a|+A$,于是得

$$\begin{aligned}\left|\frac{1}{f(x+h)}-\frac{1}{f(x)}+\frac{f'(x)h}{f^2(x)}\right|&=\left|\frac{f(x)-f(x+h)}{f(x)f(x+h)}+\frac{f(x+h)-f(x)-R}{f^2(x)}\right|\\&=\left|\frac{f(x+h)-f(x)}{f(x)}\cdot\left(\frac{1}{f(x)}-\frac{1}{f(x+h)}\right)-\frac{R}{f^2(x)}\right|\\&\leqslant\left|\frac{(f(x+h)-f(x))^2}{f^2(x)f(x+h)}\right|+\left|\frac{R}{f^2(x)}\right|\\&\leqslant\frac{A^2h^2}{B^3}+\frac{M_1h^2}{B^2}=Mh^2.\end{aligned}\quad(7-20)$$

这里记 $M=\frac{A^2}{B^3}+\frac{M_1}{B^2}$,则不等式(7－20)的两端表明 $\frac{1}{f(x)}$ 在 $[a,b]$ 上的强导数是 $-\frac{f'(x)}{f^2(x)}$,故式(7－17)成立. 即所欲证.

细心的读者会注意到,在命题 7.4 中要求 $|f(x)|$ 在 $[a,b]$ 上有正的下界 B,而在命题 7.3 中的条件仅仅是 $f(x)\neq0$. 这就有一个问题:在闭区间上的差商有界的正值函数是否一定有正的下界? 这个问题将在第 18 讲中回答(命题 18.4 的推论 2).

例题 7—4 求证正切函数 $\tan x$ 在其定义域上强可导,且有

$$(\tan x)'=\frac{1}{\cos^2 x}\left(x\neq k\cdot\pi+\frac{\pi}{2}\right).$$

解 应用命题 7.3 得

$$(\tan x)'=\left(\frac{\sin x}{\cos x}\right)'=\frac{(\sin x)'\cdot\cos x-(\cos x)'\cdot\sin x}{\cos^2 x}$$

$$=\frac{\cos^2 x+\sin^2 x}{\cos^2 x}=\frac{1}{\cos^2 x}.$$

习题 7—1 求下列函数的导数：

(i) $f(x)=x^{100}-5x^4+3x^3-x^2+x+88$；

(ii) $f(x)=(x^5-1)(x^{10}-x^5+1)$；

(iii) $f(x)=x^2\sin x+2x\cos x-2\sin x$；

(iV) $g(x)=\sin^2(x^2+1)+\cos^2(x^2+1)$；

(V) $g(x)=\dfrac{2x-3}{x^2+x+1}$；

(Vi) $f(x)=\dfrac{\sqrt{x}}{x+\cos x}$.

习题 7—2 试从两函数之积的求导公式，推导三个函数之积的求导公式.

$(f(x)g(x)h(x))'=f'(x)g(x)h(x)+f(x)g'(x)h(x)+f(x)g(x)h'(x)$.

习题 7—3 试推导余切函数求导公式.

习题 7—4 对下列等式两端求导数，看看得到什么.

(i) $\sin 2x=2\sin x\cdot\cos x$；

(ii) $\tan(x+a)=\dfrac{\tan x+\tan a}{1-\tan x\cdot\tan a}$.

第8讲

复合函数链式法则深入研习

上一讲里提到，根据乙函数和强导数的关系并应用命题 2.3 和 2.4，可以得到公式$(f(k\cdot x+C))'=k\cdot f'(k\cdot x+C)$. 这样的公式在计算诸如 $f(x)=(k\cdot x+C)^n$ 这样函数的导数时带来了方便. 这是高中课程中要求会用的求导公式.

如果进一步问，代入到函数 $f(x)$里面的不是简单的一次函数 $k\cdot x+C$，而是一个更一般的函数 $g(x)$，该有什么样的求导公式呢?

也就是说，知道了 $f(x)$和 $g(x)$的求导公式，如何计算复合函数 $f(g(x))$的导数呢? 答案就是下面的重要命题.

命题 8.1 （复合函数求导的链式法则）设函数 $F(x)$在区间 I 上强可导，$G(x)$在区间 J 上强可导，且当 $x\in I$ 时有 $F(x)\in J$，则复合函数 $G(F(x))$在 I 上强可导，且

$$(G(F(x)))'=G'(F(x))F'(x). \tag{8-1}$$

这里特别要注意求导数的记号的两种形式：$(G(F(x)))'$表示函数$G(F(x))$对 x 求导，而 $G'(F(x))$表示 $G(u)$对导后再令 $u=F(x)$代入.

链式法则的证明 为简单且不失一般性，我们对 $I=[a,b]$且 $J=[c,d]$的情形

加以论证.

根据强可导的定义,有正数 M_1,使对$[a,b]$中的任意两点 x 和 $x+h$ 有不等式

$$|F(x+h)-F(x)-F'(x)h|\leqslant M_1h^2. \tag{8-2}$$

同理有正数 M_2,使对$[c,d]$中的任意两点 y 和 $y+H$ 有不等式

$$|G(y+h)-G(y)-G'(y)H|\leqslant M_2H^2. \tag{8-3}$$

又由命题 6.2 可知有正数 A 使得对一切 $x\in[a,b]$和 $y\in[c,d]$有

$$|G'(y)|<A, F'(x)<A. \tag{8-4}$$

记 $F(x)=y_0$,$F(x+h)-F(x)=H_0$,$R_2=G(y_0+H_0)-G(y_0)-G'(y_0)H_0$ 和 $R_1=H_0-F'(x)h$,则由上面几个不等式有

$$|R_1|\leqslant M_1h^2, |H_0|\leqslant|F'(x)h|+|R_1|<(A+M(b-a))|h|=M_3|h|.$$

$$|R_2|\leqslant M_2H_0{}^2\leqslant M_2M_1{}^2h^2, \tag{8-5}$$

根据 R_2、R_1 和 H_0 等的意义有

$$\begin{aligned}R_2&=G(y_0+H_0)-G(y_0)-G'(y_0)H_0\\&=G(F(x+h))-G(F(x))-G'(F(x))F'(x)h-G'(y_0)R_1.\end{aligned} \tag{8-6}$$

从而得到

$$\begin{aligned}&|G(F(x+h))-G(F(x))-G'(F(x))\cdot F'(x)h|=|R_2+G'(y_0)R_1|\\&\leqslant|R_2|+|G'(y_0)R_1|\leqslant M_2M_1{}^2h^2+AM_1h^2=Mh^2.\end{aligned} \tag{8-7}$$

此不等式表明 $G'(F(x))F'(x)$是 $G(F(x))$在$[a,b]$上的强导数. 证毕.

复合是函数之间最重要的运算. 因此,求复合函数导数的链式法则也就是最重要的求导公式. 对这个法则的含义和用法一定要清楚,否则在微积分的进一步学习中将有很大困难.

学习使用链式法则,在还不熟练时可分三步走:

第一步,取中间变量 $u=F(x)$,把要求导的函数 $y=G(F(x))$用 $y=G(u)$和 $u=F(x)$两个函数表示;

第二步,分别对不同变量求出两函数的导数 $G'(u)$和 $F'(x)$;

第三步,将两个导数 $G'(u)$和 $F'(x)$相乘,再用 $u=F(x)$代入,就得到复合函数

$y=G(F(x))$的导数.

例题 8－1 求下列函数的导数：

(i) $\sin(2x+7)$；

(ii) $\left(x+\frac{1}{x}\right)^5$；

(iii) $\tan(\sqrt{x}+1)$.

解 (i)记 $u=2x+7, y=\sin u$. 分别对 x 和 u 求导得 $u'=2$ 和 $y'=\cos u$，相乘再用 $u=2x+7$ 代入得 $(\sin(2x+7))'=2\cos(2x+7)$. 这和前面使用命题 2.3 和 2.4 得到的结果一致；

(ii)记 $u=x+\frac{1}{x}, y=u^5$. 分别对 x 和 u 求导得 $u'=1-\frac{1}{x^2}$ 和 $y'=5u^4$，相乘再用 $u=x+\frac{1}{x}$ 代入得 $\left(\left(x+\frac{1}{x}\right)^5\right)'=5u^4\left(1-\frac{1}{x^2}\right)=5\left(1-\frac{1}{x^2}\right)\left(x+\frac{1}{x}\right)^4$.

读者不妨把 $\left(x+\frac{1}{x}\right)^5$ 展开求导作对比.

(iii)记 $u=\sqrt{x}+1, y=\tan u$. 分别对 x 和 u 求导得 $u'=\frac{1}{2\sqrt{x}}$ 和 $y'=\frac{1}{\cos^2 u}$，相乘再用 $u=\sqrt{x}+1$ 代入得

$$(\tan(\sqrt{x}+1))'=\frac{1}{\cos^2 u}\cdot\frac{1}{2\sqrt{x}}=\frac{1}{2\sqrt{x}\cos^2(1+\sqrt{x})}.$$

对链式法则熟练之后，就不必写出中间变量 u，一气呵成.

如果要求导的函数是三个函数复合而成呢？只要多用一次链式法则就解决了.

命题 8.2 (多层复合函数求导的链式法则)设函数 $F(x)$在区间 I 上强可导，$G(x)$在区间 J 上强可导，$H(x)$在区间 K 上强可导，且当 $x\in I$ 时有 $F(x)\in J$，当 $u\in J$ 时有$G(u)\in K$，则复合函数 $H(G(F(x)))$在 I 上强可导，且

$$(H(G(F(x))))'=H'(G(F(x)))G'(F(x))F'(x), \qquad (8-8)$$

证明 记 $\varphi(x)=G(F(x))$.

由命题 8.1 得 $(H(\varphi(x)))'=H'(\varphi(x))\varphi'(x)$；

再用命题 8.1 得 $\varphi'(x)=(G(F(x)))'=G'(F(x))F'(x)$；

集成两式得

$$\begin{aligned}(H(G(F(x))))'&=(H(\varphi(x)))'=H'(\varphi(x))\varphi'(x)\\&=H'(G(F(x)))G'(F(x))F'(x).\end{aligned}$$

命题得证.

同理，对 4 层以上的复合函数容易导出相应的链式法则.

例题 8—2 求下列函数的导数：

(i) $(1+\sin(x^2+1))^{25}$；

(ii) $\sqrt{1+\sqrt{2+\sqrt{3+x}}}$.

解 (i)记 $v=x^2+a$，$u=1+\sin v$ 和 $y=u^{25}$；三者分别对 3 个变量求导后相乘并用原设变量代换得

$$((1+\sin(x^2+1))^{25})'=25u^{24}\cdot\cos v\cdot 2x=50\cos(x^2+1)(1+\sin(x^2+1))^{24}.$$

(ii)记 $v=\sqrt{3+x}$，$u=\sqrt{2+v}$ 和 $y=\sqrt{1+u}$，三者分别对 3 个变量求导后相乘并用原设变量代换得

$$\begin{aligned}\left(\sqrt{1+\sqrt{2+\sqrt{3+x}}}\right)'&=\frac{1}{2\sqrt{1+u}}\cdot\frac{1}{2\sqrt{2+v}}\cdot\frac{1}{2\sqrt{3+x}}\\&=\frac{1}{8\sqrt{(3+x)(2+\sqrt{3+x})(1+\sqrt{2+\sqrt{3+x}})}}.\end{aligned}$$

例题 8—3 求二次曲线 $3x^2+xy+2y^2-x=14$ 上点 $(2,1)$ 处的切线方程.

解 把 y 看成 x 的函数，将曲线方程两端对 x 求导数，由链式法则得

$$6x+y'+y+4yy'-1=0. \tag{8—9}$$

从式(8—9)中解出 $y'=\frac{1-6x-y}{1+4y}$，当 $x=2$、$y=1$ 时 $y'=-\frac{12}{5}$，即曲线在点 $(2,1)$ 处的切线斜率 $k=-\frac{12}{5}$. 故切线方程为 $12x+5y-29=0$. 此曲线及切线如图 8—1.

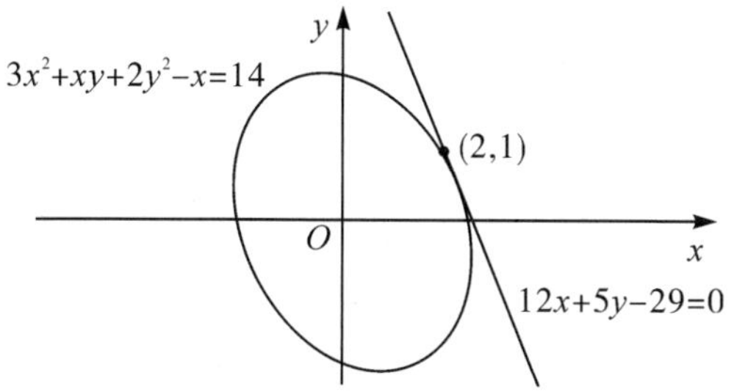

图 8—1　二次曲线的切线

习题 8—1　求下列函数的导数：

(i) $(x^2-3x+7)^{33}$；

(ii) $\sqrt{1+x^2+x^4}$；

(iii) $\sin(3+\sqrt{1+x^4})$；

(iV) $\cos\left(1-\dfrac{1}{1+x^2}\right)$；

(V) $\sqrt{1+\sqrt{1+\sqrt{1+\cos x}}}$；

(Vi) $\dfrac{1-\sqrt{1+x^4}}{1+\sqrt{1+x^4}}$.

习题 8—2　试推导 4 层复合函数 $H(G(F(\varphi(x))))$ 的求导公式.

习题 8—3　(i) 过点 $(3,-1)$ 作曲线 $x^2-xy-4y^2+y=7$ 的切线；

(ii) 已知 $A=(u,v)$ 是曲线 $x^3+xy-y^3-2x^2=1$ 上的点，求此曲线在点 A 处的切线斜率 k.

第 9 讲

巧用面积建立自然对数定义

到现在为止，还没有讲指数函数和对数函数的求导方法.

如果按照中学教材上的办法引进指数函数和对数函数，这两类函数的求导公式很难推导. 这里将采用另一种直观严谨而且简单的方法引进对数和指数函数并导出其求导公式.

这种方法的基点，是考虑反比例函数曲线下的曲边梯形面积.

定义 6 （自然对数）对于任意两正数 $0<u<v$，记区间 $[u,v]$ 上反比例函数 $y=\dfrac{1}{x}$ 曲线下的曲边梯形面积（图 9—1）为 $L(u,v)$，并约定 $L(u,v)=0$ 和 $L(v,u)=$

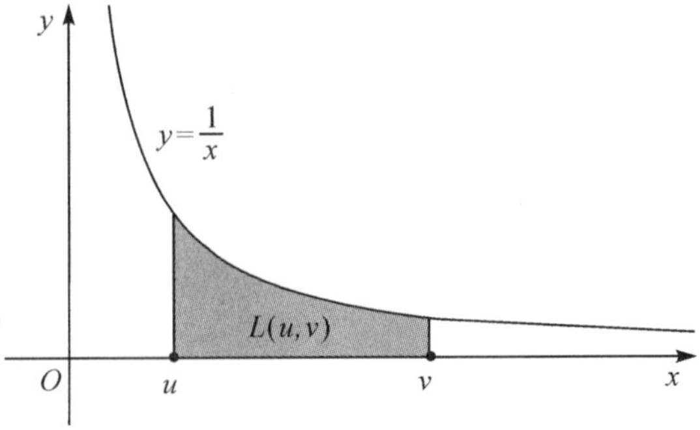

图 9—1　反比函数曲线下的面积

$-L(u,v)$. 记 $\ln x = L(1,x)$. 这样，就在 $(0,+\infty)$ 上定义了一个函数 $y=\ln x$，$\ln x$ 叫做 x 的自然对数(图 9—2).

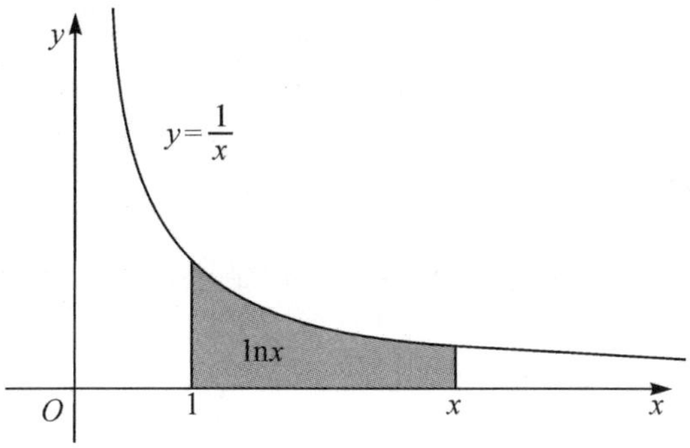

图 9—2　自然对数 ln$x$ 的定义

由定义和面积性质容易检验对任意 3 个正数 x、y、z 有

$$L(x,y)+L(y,z)=L(x,z), \quad (9-1)$$

从而可知 $\ln v-\ln u=L(u,v)$，且当 $u<v$ 时它就是 $y=\dfrac{1}{x}$ 曲线下在区间 $[u,v]$ 上的面积(图 9—3)，从而得到下面的重要命题，

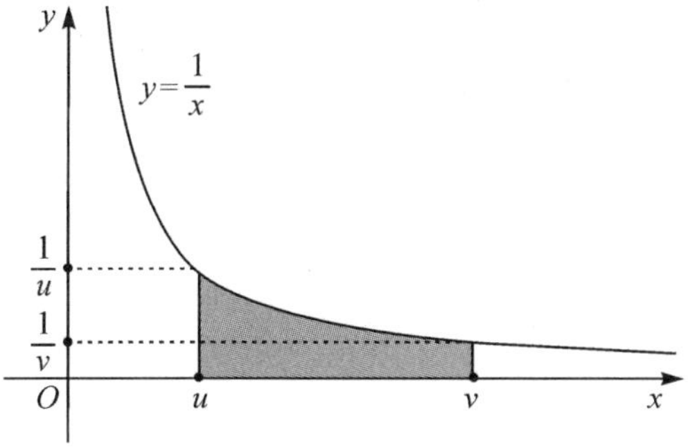

图 9—3　表示 $\ln v-\ln u$ 的一块面积

命题 9.1　(自然对数函数的基本不等式和求导公式)

(i)对任意 $0<u<v$ 有不等式

$$\frac{1}{v}<\frac{\ln v-\ln u}{v-u}<\frac{1}{u}, \quad (9-2)$$

(ii)函数 $\ln x$ 在 $(0,+\infty)$ 上强可导，其导数为反比例函数：

$$(\ln x)'=\frac{1}{x}. \tag{9—3}$$

证明 (i)图 9—3 中阴影部分的面积就是 $\ln v-\ln u=L(u,v)$，显然有

$$\frac{1}{v}\cdot(v-u)<\ln v-\ln u<\frac{1}{u}\cdot(v-u),$$

同除以 $(v-u)$ 得不等式(9—2)；

(ii)不等式(9—2)表明 $y=\frac{1}{x}$ 是函数 $y=\ln x$ 的乙函数. 由例题 5—3 知 $y=\frac{1}{x}$ 在 $(0,+\infty)$ 上差商有界，由命题 6.4 推出 $y=\ln x$ 在 $(0,+\infty)$ 上强可导，且有 $(\ln x)'=\frac{1}{x}$. 证毕.

函数 $y=\ln x$ 的图像见图 9—4.

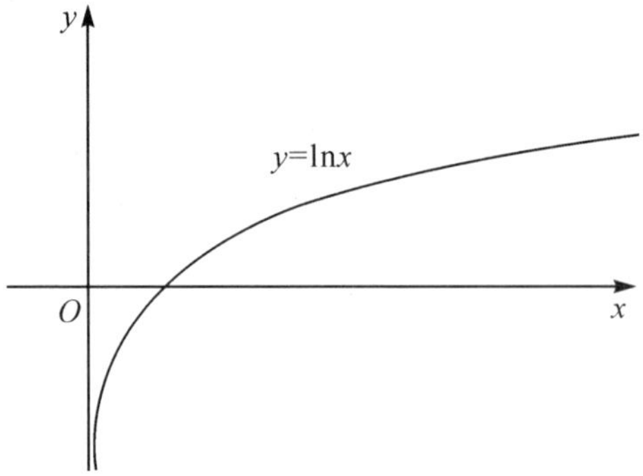

图 9—4 函数 $y=\ln x$ 的图像

命题 9.2 (自然对数函数 $y=\ln x$ 的性质)

(i)(递增性) $y=\ln x$ 在 $(0,+\infty)$ 上有定义且单调递增；

(ii)(正负区间) $\ln 1=0$，当 $0<x<1$ 时 $\ln x<0$，当 $x>1$ 时 $\ln x>0$；

(iii)(乘除变加减)对任意正数 A 和 B，有

$$\ln(A\cdot B)=\ln A+\ln B,\ln\frac{B}{A}=\ln B-\ln A; \tag{9—4}$$

(iV)(乘开方变乘除)对任意正数 A、整数 n 和非零整数 m，有

$$\ln A^{\frac{n}{m}}=\frac{n}{m}\cdot\ln A; \tag{9—5}$$

(V)(无界性)$\ln x$ 无上界也无下界.

证明 (i)由$(\ln x)'=\dfrac{1}{x}>0$ 可知 $\ln x$ 递增;

也可用不等式(9—2)更直接地证明;

(ii)递增性和 $\ln 1=0$ 可得 $x<1$ 时 $\ln x<0$,$x>1$ 时 $\ln x>0$;

(iii)对任意正数 A 和 x,由链式法则得$(\ln Ax)'=\dfrac{A}{Ax}=\dfrac{1}{x}$,于是

$$(\ln Ax-\ln x)'=\frac{1}{x}-\frac{1}{x}=0,$$

可见对任意的 x 都有 $\ln Ax-\ln x=C$. 取 $x=1$ 得 $C=\ln A$,再取 $x=B$ 得 $\ln(A\cdot B)=\ln A+\ln B$;这推出

$$\ln B=\ln\left(A\cdot\frac{B}{A}\right)=\ln A+\ln\frac{B}{A},$$

即(9—4)的另一式 $\ln\dfrac{B}{A}=\ln B-\ln A$;

(iV)用链式法则得到

$$(\ln x^n-n\ln x)'=\frac{nx^{n-1}}{x^n}-\frac{n}{x}=0,$$

可见对任意的 x 都有 $\ln x^n-n\ln x=C$. 取 $x=1$ 可以确定 $C=0$,故得 $\ln x^n=n\ln x$,从而取 $x=A$ 得

$$n\ln A=\ln A^n=\ln(A^{\frac{n}{m}})^m=m\ln A^{\frac{n}{m}},$$

即 $\ln A^{\frac{n}{m}}=\dfrac{n}{m}\cdot\ln A$;

(V)对任意的 $A>0$,当 $n>\dfrac{A}{\ln 2}$时有 $n\ln 2>A$ 即 $\ln 2^n>A$,可见 $\ln x$ 没有上界;同时有$-n\ln 2<-A$ 即 $\ln 0.5^n<-A$,可见 $\ln x$ 没有下界.

命题 9.2 证毕.

有了自然对数,就容易定义和研究一般的对数了.

定义 7 设 a 是不等于 1 的正数,记$\dfrac{\ln x}{\ln a}=\log_a x$,称 $\log_a x$ 为 x 的以 a 为底的对

数；特别地记 $\lg x=\log_{10}x$，称为常用对数.

命题 9.3 （一般对数函数 $y=\log_a x$ 的性质）

(i)（增减性）$y=\log_a x$ 在 $(0,+\infty)$ 上有定义，且当 $a>1$ 时单调递增，当 $a<1$ 时单调递减；

(ii)（正负区间）$\log_a 1=0$，当 $a>1$ 时 $\log_a x$ 在 $(0,1)$ 上为负而在 $(1,+\infty)$ 上为正，当 $a<1$ 时 $\log_a x$ 在 $(0,1)$ 上为正而在 $(1,+\infty)$ 上为负；

(iii)（乘除变加减）对任意正数 A 和 B，对不为 1 的正数 a 有

$$\log_a(A\cdot B)=\log_a A+\log_a B,\log_a\frac{B}{A}=\log_a B-\log_a A; \tag{9-6}$$

(iV)（乘开方变乘除）对任意正数 A、整数 n 和非零整数 m，对不为 1 的正数 a 有

$$\log_a A^{\frac{n}{m}}=\frac{n}{m}\cdot\log_a A; \tag{9-7}$$

(V)（无界性）$\log_a x$ 无上界也无下界；

(Vi)对不为 1 的正数 a 有 $\log_a a=1$ 和 $\log_a 1=0$.

命题 9.3 的证明可以由 $\log_a x$ 的定义和命题 9.2 推出. 详细推导留给读者.

自然会问，$\ln x$ 是不是 $\log_a x$ 中之一呢？如果是，底是什么数？

按定义，如果有一个实数 e 使得 $\log_a x=\ln x$，则 $\ln x=\log_e x=\frac{\ln x}{\ln e}$，立刻推出 $\ln e=1$. 因此，自然对数就是以 e 为底的对数.

这个实数 e 是多大呢？在式(9-2)即 $\frac{1}{v}<\frac{\ln v-\ln u}{v-u}<\frac{1}{u}$ 中取 $v=2$ 和 $u=1$ 得到 $0.5<\ln 2<1$，而 $\ln 4=\ln 2^2=2\ln 2>1$，可见应有 $e\in(2,4)$. 更精密的估计为 $e=2.718281828459\cdots\cdots$，深入研究后可知它是一个无理数. 这是数学中除 π 之外最重要的无理数. 由 $\ln x$ 的定义可知，在曲线 $y=\frac{1}{x}$ 下区间 $[1,e]$ 上的面积为 1. 这就是自然对数的底之几何意义.

函数 $y=\log_a x$ 的图像如图 9-5.

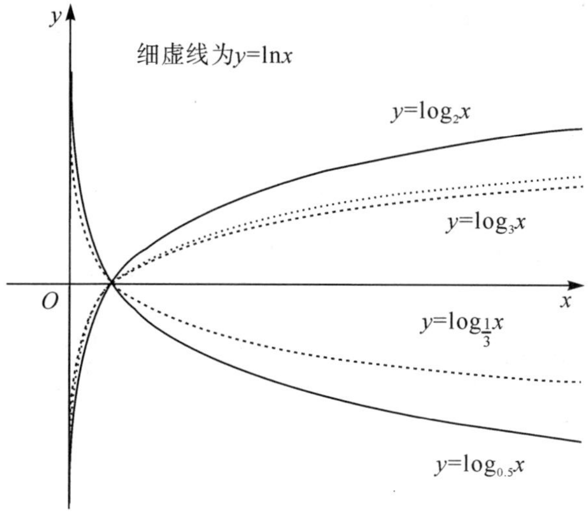

图 9—5　函数 $y=\log_a x$ 的图像

例题 9—1　求证：$\frac{x}{1+x}<\ln(1+x)<x$.　(9—8)

证明　当 $x>0$ 时，在不等式(9—2)即 $\frac{1}{v}<\frac{\ln v-\ln u}{v-u}<\frac{1}{u}$ 中取 $u=1$ 而 $v=1+x$ 可得 $\frac{1}{1+x}<\frac{\ln(1+x)}{x}<1$，两端乘 x 得不等式(9—8)；当 $-1<x<0$ 时，在同一不等式中取 $u=1+x$ 而 $v=1$ 可得 $1<\frac{\ln(1+x)}{x}<\frac{1}{1+x}$，两端乘 x 时不等式反号，仍得不等式(9—8). 证毕.

图 9—6 直观地说明了不等式(9—8).

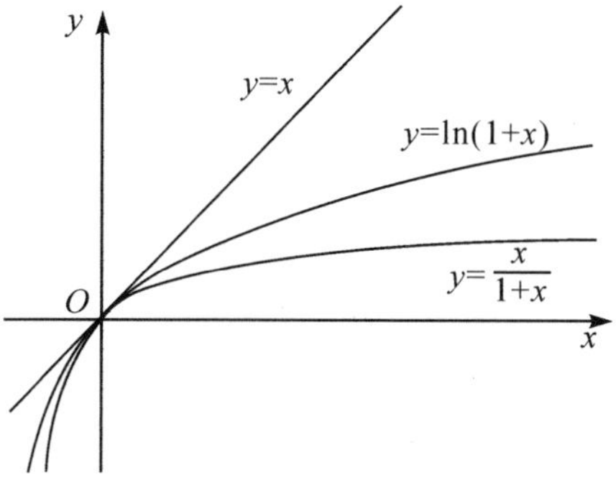

图 9—6　函数 $\ln(1+x)$ 的估计

例题 9—2 （换底公式）设 a 和 b 都是不为 1 的正数，求证：$\log_a x=\log_a b\cdot\log_b x$. (9—9)

证明 根据定义 7，有

$$\log_a b\cdot\log_b x=\frac{\ln b}{\ln a}\cdot\frac{\ln x}{\ln b}=\frac{\ln x}{\ln a}=\log_a x,$$

即所欲证.

例题 9—3 求函数 $y=\ln|x|$ 在 $(-\infty,0)\cup(0,+\infty)$ 上的导数.

解 已知在 $(0,+\infty)$ 上有 $(\ln|x|)'=(\ln x)'=\frac{1}{x}$. 当 $x\in(-\infty,0)$ 时由链式法则得

$$(\ln|x|)'=(\ln(-x))'=\frac{-1}{-x}=\frac{1}{x},$$

故有一般公式 $$(\ln|x|)'=\frac{1}{x}\ (x\neq 0).\qquad (9—10)$$

例题 9—4 （取对数求导法）已知 $f(x)$、$g(x)$、$h(x)$ 都在 I 上可导且不为 0，令 $w(x)=f(x)\cdot g(x)\cdot h(x)$，求 $w(x)$ 的导数.

解 对等式

$$\ln|w(x)|=\ln|f(x)|+\ln|g(x)|+\ln|h(x)|$$

求导数得 $$\frac{w'(x)}{w(x)}=\frac{f'(x)}{f(x)}+\frac{g'(x)}{g(x)}+\frac{h'(x)}{h(x)},\qquad (9—11)$$

去分母得

$$w'(x)=f'(x)\cdot g(x)\cdot h(x)+f(x)\cdot g'(x)\cdot h(x)+f(x)\cdot g(x)\cdot h'(x).$$

(9—12)

这样比使用乘积求导公式有时方便一些.

习题 9—1 设 n 为正整数. 试证明：

(i) $\frac{1}{n+1}<\ln(n+1)-\ln n<\frac{1}{n}$；

(ii) $\sum_{k=2}^{n+1}\frac{1}{k}<\ln(n+1)<\sum_{k=1}^{n}\frac{1}{k}$；

(iii) $0<\ln n-\left(\frac{1}{2}+\frac{1}{3}+\frac{1}{4}+\cdots+\frac{1}{n}\right)<\frac{n-1}{n}$.

习题 9—2　设 a、b 和 c 都是不为 1 的正数，问 $\log_a b\cdot\log_b c\cdot\log_c a=$？

习题 9—3　求下列函数的导数

(i) $x^2\ln x$；

(ii) $\ln\sqrt{1+x^2}$；

(iii) $\left(1+\frac{1}{3+2x^2}\right)(1+x^2)\sqrt{1+x^2}$.

习题 9—4　求证：当 $0<a<x<x+h$ 时有 $\left|\ln(x+h)-\ln x-\frac{h}{x}\right|<\left(\frac{h}{a}\right)^2$.

第 10 讲

对称求逆算出指数函数微商

通常教材上首先引进指数函数，再将指数函数的反函数定义为对数函数. 这里采用相反的次序，先引进对数函数，然后指出对数函数的反函数就是指数函数. 这样做，对数函数的几何意义更直观，推理更简明.

由于当 $u \neq v$ 时 $\ln u \neq \ln v$，故 $y=\ln x$ 有唯一的反函数，记作 $\exp x$. 称 $\exp x$ 为以 e 为底的指数函数. 显然 $\exp x$ 和 $\ln x$ 互为反函数，两者的图像关于直线 $y=x$ 对称，如图 10－1.

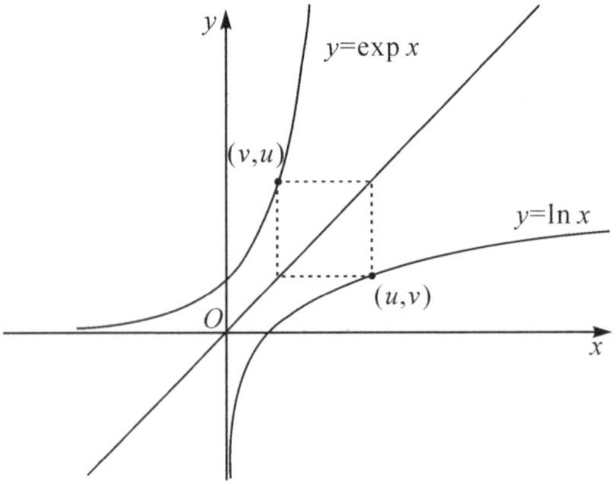

图 10－1　自然对数函数 $\ln x$ 及其反函数 $\exp x$ 的图像

命题 10.1 （指数函数 $\exp x$ 的性质）

(i) $\exp x$ 定义域为$(-\infty,+\infty)$，对一切 x 有 $\exp x>0$；

(ii) $\exp x$ 在$(-\infty,+\infty)$上递增；

(iii)（加减变乘除）对任意两数 A、B，有

$$\exp(A+B)=\exp A\cdot\exp B,$$

$$\exp(A-B)=\frac{\exp A}{\exp B}; \tag{10-1}$$

(iV)（乘除变乘开方）对任意正数 A、整数 n 和非零整数 m 有

$$\exp\left(\frac{n}{m}\cdot A\right)=(\exp A)^{\frac{n}{m}}; \tag{10-2}$$

(V) $\exp n=\mathrm{e}^n,\exp\frac{1}{n}=\mathrm{e}^{\frac{1}{n}},\exp\frac{n}{m}=\mathrm{e}^{\frac{n}{m}}$； (10-3)

(Vi) $\exp x$ 差商有界.

证明 (i)由 $\ln x$ 定义域为$(0,+\infty)$可知对一切 x 有 $\exp x>0$：
由 $\ln x$ 无上下界可知 $\exp x$ 定义域无上下界；

(ii)由 $\ln x$ 的递增性推出其反函数递增；

(iii)根据 $\ln(AB)=\ln A+\ln B$ 和反函数关系得

$$\begin{aligned}\exp(A+B)&=\exp(\ln\exp A+\ln\exp B)\\&=\exp\ln(\exp A\cdot\exp B)=\exp A\cdot\exp B;\end{aligned}$$

(iV)根据 $\ln A^{\frac{n}{m}}=\frac{n}{m}\ln A$ 和反函数关系得

$$\begin{aligned}\exp\left(\frac{n}{m}\cdot A\right)&=\exp\left(\frac{n}{m}\cdot\ln\exp A\right)\\&=\exp\ln((\exp A)^{\frac{n}{m}})=(\exp A)^{\frac{n}{m}};\end{aligned}$$

(V)由 $\ln\mathrm{e}=1$ 得 $\exp 1=\exp\ln\mathrm{e}=\mathrm{e}$，再在(iV)中取 $A=1$ 即得；

(Vi)对任意的 $a<b$，有 $0<A=\exp a<\exp b=B$，由不等式(9－2)即 $\frac{1}{v}<\frac{\ln v-\ln u}{v-u}<\frac{1}{u}$，在$(0,+\infty)$的任意闭子区间$[A,B]$上总有

$$|\ln v-\ln u|>\frac{1}{v}|v-u|\geqslant\frac{1}{A}|v-u|.$$

由命题 5.4 可知 $\ln x$ 的反函数在 $[a,b]$ 上差商有界，从而 $\exp x$ 在 $(-\infty,+\infty)$ 上差商有界.

命题证毕.

由上述结论(V)可见，$\exp x$ 就是以 $\exp 1=\mathrm{e}$ 为底的指数函数. 以后记 $\exp x=\mathrm{e}^x$.

对任意不为 1 的正数 a，$\log_a x$ 的反函数是什么呢?

如果 $f(x)$ 是 $\log_a x$ 的反函数，按定义应当有

$$\log_a f(x)=x, x\in(-\infty,+\infty). \tag{10-4}$$

应用 $\log_a x$ 的定义得 $\frac{\ln f(x)}{\ln a}=x$，即 $\ln f(x)=x\cdot\ln a$. 两端取指数函数值得 $\exp(\ln f(x))=\exp(x\cdot\ln a)$，从而 $f(x)=\exp(x\cdot\ln a)$. 这样就得到了 $\log_a x$ 的反函数 $\exp(x\cdot\ln a)$. 当 x 为有理数 $\frac{n}{m}$ 时，有

$$\exp\left(\frac{n}{m}\cdot\ln a\right)=(\exp(\ln a))^{\frac{n}{m}}=a^{\frac{n}{m}}, \tag{10-5}$$

所以就记 $\exp(x\cdot\ln a)=a^x$. 即 $\log_a x$ 的反函数为 a^x.

由命题 10.1 容易推出函数 $\exp(x\cdot\ln a)=a^x$ 的性质.

命题 10.2 （指函数 $\exp(x\cdot\ln a)=a^x$ 的性质）

(i) a^x 定义域为 $(-\infty,+\infty)$，对一切 x 有 $a^x>0$；

(ii) a^x 在 $(-\infty,+\infty)$ 上当 $a>1$ 时递增，$a<1$ 时递减；

(iii)（加减变乘除）对任意两实数 u、v，有

$$a^{u+v}=a^u\cdot a^v, a^{u-v}=\frac{a^u}{a^v}; \tag{10-6}$$

(iV)（乘除变乘开方）对任意两实数 u、v，有

$$a^{u\cdot v}=(a^u)^v; \tag{10-7}$$

(V) $a^0=1, a^1=a.$ (10-8)

命题 10.2 的证明留给读者. 图 10-2 是不同底的几个指数函数的图像.

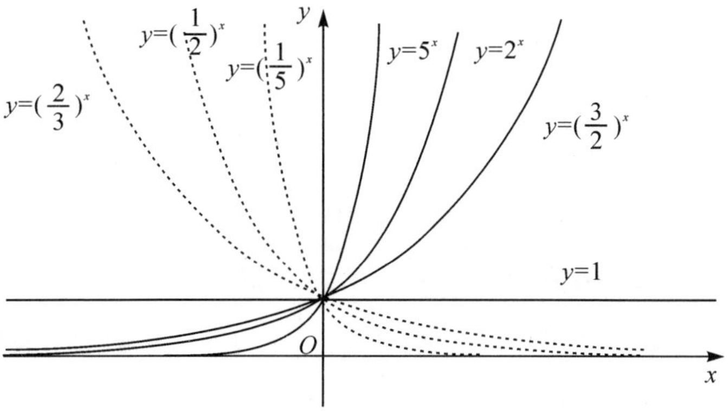

图 10—2　不同底的几个指数函数的图像

下面讨论指数函数的求导问题.

在估值不等式$\frac{1}{v}<\frac{\ln v-\ln u}{v-u}<\frac{1}{u}$中取 $u=e^x$ 和 $v=e^y$,得到

$$\frac{1}{e^y}<\frac{\ln e^y-\ln e^x}{e^y-e^x}<\frac{1}{e^x}\text{即 } e^x<\frac{e^y-e^x}{y-x}<e^y, \tag{10-9}$$

这表明函数 $y=e^x$ 自己是自己的乙函数,由 $y=e^x$ 差商有界,从而得到

命题 10.3　指数函数求导公式

$$(e^x)'=e^x. \tag{10-10}$$

这是微积分中最美的事实之一,

根据 $\exp(x\cdot\ln a)=a^x$,改写符号得 $\exp(a\cdot\ln x)=x^a$,这里 $x>0$ 而 a 为任意非零实数. 从而得

命题 10.4　一般幂函数求导公式

$$(x^a)'=ax^{a-1}\quad(x>0,a\neq0). \tag{10-11}$$

证明　应用链式法则得

$$(x^a)'=(e^{a\cdot\ln x})=e^{a\cdot\ln x}\cdot\frac{a}{x}=x^a\cdot\frac{a}{x}=ax^{a-1},$$

证毕.

回头分析一下推导指数函数导数公式的过程,从中可以找出反函数一般求导

方法.

命题 10.5 设 $F(x)$ 在 $[a,b]$ 上强可导且对任意 $x\in[a,b]$ 有 $F'(x)\neq 0$. 则其反函数 $G(x)$ 强可导且有

$$G'(x)=\frac{1}{F'(G(x))}. \tag{10-12}$$

此命题涉及反函数存在性,其证明放在第 18 讲中(命题 18.5). 为了加深对这个公式的印象,可以对反函数的定义等式 $F(G(x))=x$ 两端求导,由链式法则得 $F'(G(x))\cdot G'(x)=1$,这样自然得到了(10—12).

从几何上看,如图 10—3. $F(x)$ 的图像和 $G(x)$ 的图像关于直线 L: $y=x$ 对称,曲线 $y=G(x)$ 上的点 $P=(u,v)$ 和曲线 $y=F(x)$ 上的点 $Q=(v,u)$ 对称,两点处的切线也对称,从而其切线斜率互为倒数.

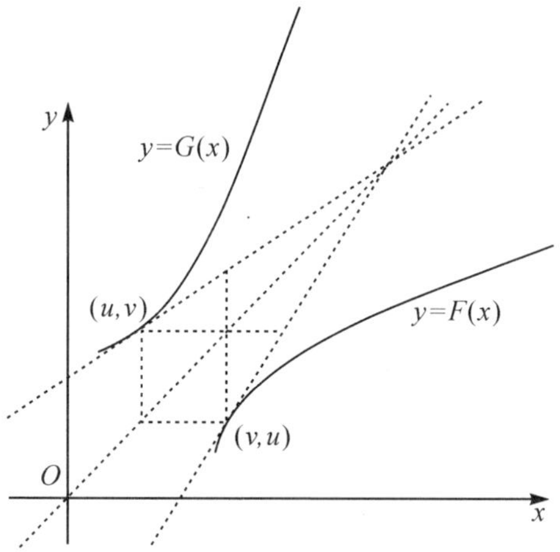

图 10—3　反函数导数的几何意义

除了对数函数和指数函数互为反函数外,重要的反函数的例子是反三角函数,主要是反正弦函数、反余弦函数、反正切函数和反余切函数.

由于三角函数的周期性,必须限制其定义域在某个范围内才有唯一的反函数,为方便,约定将 $\sin x$ 的定义域限定在 $\left[-\frac{\pi}{2},\frac{\pi}{2}\right]$ 以确定其反函数 $\arcsin x$. 也就是

说，函数 $\arcsin x$ 定义于$[-1,1]$而取值于$\left[-\frac{\pi}{2},\frac{\pi}{2}\right]$，满足条件 $\sin(\arcsin x)=x$. 类似的，将 $\cos x$ 的定义域限定在$[0,\pi]$以确定其反函数 $\arccos x$. 将 $\tan x$ 的定义域限定在$\left[-\frac{\pi}{2},\frac{\pi}{2}\right]$以确定其反函数 $\arctan x$，将 $\cot x$ 的定义域限定在$[0,\pi]$以确定其反函数 $\mathrm{arccot}\,x$. 这几个函数的图像如图 10—4 至图 10—7.

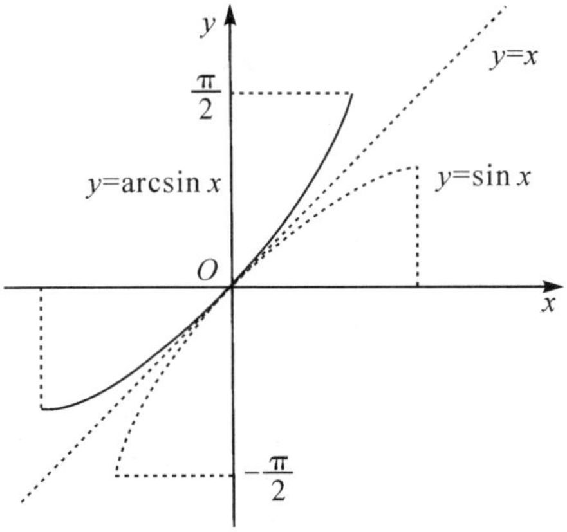

图 10—4　**反三角函数** $\arcsin x$ **的图像**

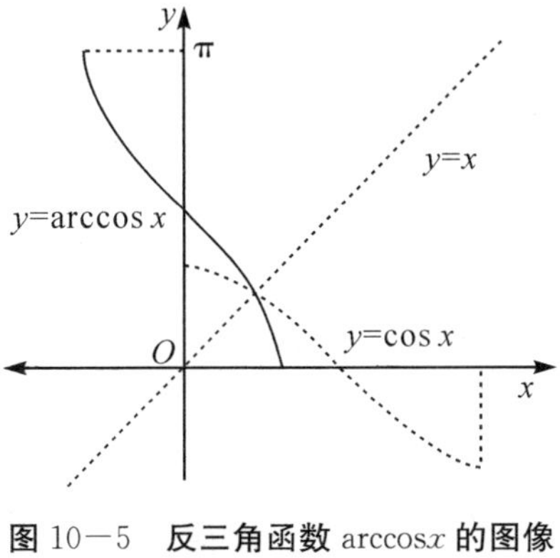

图 10—5　**反三角函数** $\arccos x$ **的图像**

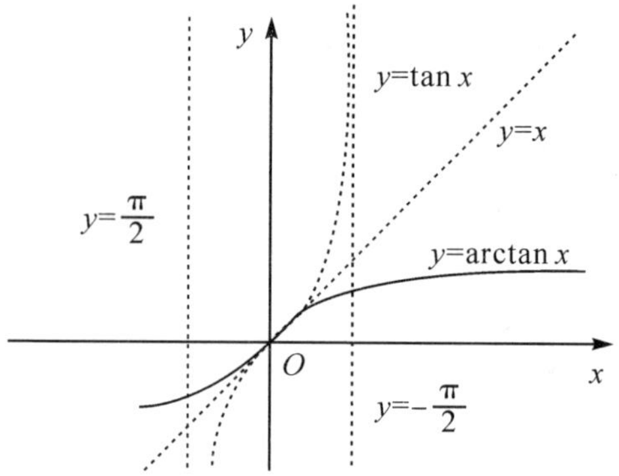

图 10—6 反三角函数 arctan$x$ 的图像

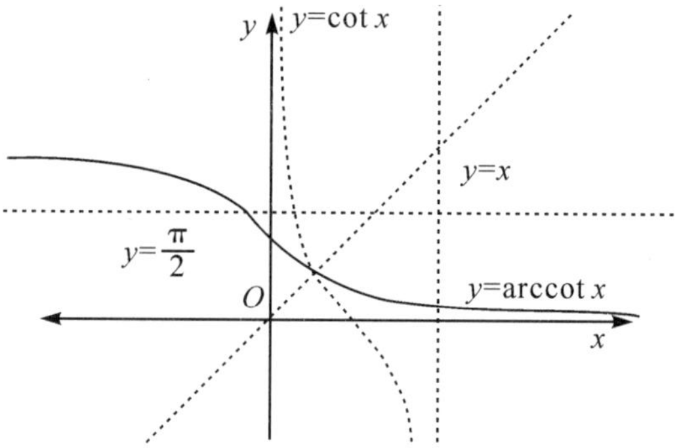

图 10—7 反三角函数 arccot$x$ 的图像

例题 10—1 计算反三角函数 arcsin$x$ 和 arctan$x$ 的导数.

解 (i)由 $\sin(\arcsin x)=x$ 两端求导数得 $\cos(\arcsin x)\cdot(\arcsin x)'=1$,

再应用 $\cos A=\sqrt{1-\sin^2 A}$得

$$\cos(\arcsin x)=\sqrt{1-\sin^2(\arcsin x)}=\sqrt{1-x^2},$$

从而有

$$(\arcsin x)'=\frac{1}{\sqrt{1-x^2}}(-1<x<1). \qquad (10-13)$$

(ii)直接应用反函数求导公式(命题 10.5)和$(\tan x)'=\frac{1}{\cos^2 x}$,以及三角恒等式

$\frac{1}{\cos^2 x}=1+\tan^2 x$ 得

$$(\arctan x)'=\cos^2(\arctan x)=\frac{1}{1+\tan^2(\arctan x)}=\frac{1}{1+x^2}. \quad (10-14)$$

例题 10－2 计算 $y=a^x$ 的导数($a>0$).

解 由 $a^x=e^{x\ln a}$,用链式法则得

$$(a^x)'=(e^{x\ln a})'=e^{x\ln a}\cdot(x\ln a)'=a^x\cdot\ln a. \quad (10-15)$$

例题 10－3 计算 x^x 的导数($x>0$).

解 将 x^x 取自然对数得 $x\cdot\ln x$,故 $x^x=e^{x\ln x}$. 用链式法则得

$$(x^x)'=(e^{x\ln x})'=e^{x\ln x}\cdot(x\ln x)'=x^x\cdot(\ln x+1). \quad (10-16)$$

例题 10－4 求证:当 $h\neq 0$ 时有

$$h<e^h-1<h\cdot e^h.$$

解 当 $h>0$ 时在不等式(10－9)即 $e^x<\frac{e^y-e^x}{y-x}<e^y$ 中取 $y=h$ 和 $x=0$ 得 $1<\frac{e^h-1}{h}<e^h$,乘以 h 得 $h<e^h-1<h\cdot e^h$;

当 $h<0$ 时取 $y=0$ 和 $x=h$ 得 $e^h<\frac{1-e^h}{-h}<1$,乘以 h 得 $h\cdot e^h>e^h-1>h$. 结论获证.

习题 10－1 求下列函数的导数:

(i) x^2e^x;

(ii) $2^x(\sin x+\cos x)$;

(iii) $\ln\sqrt{x^2+e^x}$;

(iV) $(1+x^4)^{\cos x}$.

习题 10－2 计算反三角函数 $\operatorname{arccos}x$ 和 $\operatorname{arccot}x$ 的导数.

习题 10－3 试证明对任意闭区间 $[a,b]$ 上的 x 和 $x+h$ 有不等式

$$|e^{x+h}-e^x-he^x|<h^2e^b.$$

习题 10－4 试讨论函数 $y=a^x\ln a-\ln x$ 的零点个数和 a 的关系.

第11讲

畅谈初等函数求导井然有序

函数千千万万，最重要的是哪些？数学中最重要也最常见的一大类函数是初等函数. 所谓初等函数，是由不多的几种基本初等函数经过有限次四则运算和复合运算所得到的函数. 基本初等函数共有 6 类，就是常数函数、幂函数、对数函数、指数函数、三角函数和反三角函数. 这些函数的求导公式应当熟练掌握.

基本初等函数求导公式：

(1)常数 $C'=0$；

(2)幂函数 $(x^n)'=nx^{n-1}$　　(n 非零整数，$x\in(-\infty,+\infty)$)；

$(x^\alpha)'=\alpha x^{\alpha-1}$　　(α 非零实数，$x>0$)).

(3)对数函数 $(\ln x)'=\dfrac{1}{x}(x>0)$；$(\log_a x)'=\dfrac{1}{x\ln a}(x>0)$.

(4)指数函数 $(e^x)'=e^x$；$(a^x)'=a^x\ln a$.

(5)三角函数 $(\sin x)'=\cos x$；

$(\cos x)'=-\sin x$；

$(\tan x)'=\dfrac{1}{\cos^2 x}$；

$$(\cot x)'=\frac{-1}{\sin^2 x}.$$

(6)反三角函数$(\arcsin x)'=\frac{1}{\sqrt{1-x^2}}(|x|<1)$；

$$(\arccos x)'=\frac{-1}{\sqrt{1-x^2}}(|x|<1);$$

$$(\arctan x)'=\frac{1}{1+x^2};$$

$$(\operatorname{arccot} x)'=\frac{-1}{1+x^2}.$$

从上面这些公式出发，应用计算导数的运算法则，就能根据初等函数的表达式求出其导数. 计算导数的运算法则提炼后可以归结为下面五条：

(i)函数线性组合的导数：

$$(\alpha f(x)+\beta g(x))'=\alpha f'(x)+\beta g'(x);$$

(ii)函数积的导数：

$$(f(x)g(x))'=f'(x)\cdot g(x)+g'(x)\cdot f(x);$$

(iii)函数商的导数：

$$\left(\frac{g(x)}{f(x)}\right)'=\frac{g'(x)f(x)-g(x)f'(x)}{f^2(x)};$$

(iV)复合函数的导数：

$$(f(g(x)))'=f'(g(x))g'(x);$$

(V)反函数的导数：

若 $f(g(x))=x$ 则 $g'(x)=\frac{1}{f'(g(x))}$.

在应用这些法则求导时，所要求的条件简单说来有两条：一条是等式右端的求导运算可以进行，另一条是分母不为零.

上面不多的公式和法则，还可以再浓缩.

就法则而言，由于$(\alpha f(x))'=\alpha f'(x)$是函数乘积公式的特殊情形，故(i)可以简化为函数和的求导法则即$(f(x)+g(x))'=f'(x)+g'(x)$. 函数积的求导法则，

前面已经指出可以用取对数求导的方法导出. 类似的，函数商的求导法则也可以用取对数求导的方法导出. 也就是

$$\frac{f(x)}{g(x)}\cdot\left(\frac{g(x)}{f(x)}\right)'=\left(\ln\left|\frac{g(x)}{f(x)}\right|\right)'=(\ln|g(x)|)'-(\ln|f(x)|)'=\frac{g'(x)}{g(x)}-\frac{f'(x)}{f(x)},$$

整理即得. 此外，反函数求导公式可以从复合函数求导的链式法则导出.

这样一来，求导法则中最基本的只有两条，就是函数和的求导法则和复合函数求导的链式法则.

至于基本初等函数的求导公式，则可以归结为三条：$C'=0$，$(\ln x)'=\frac{1}{x}$ 和 $(\sin x)'=\cos x$.

于是，初等函数的求导，归根结底就是两条求导法则和三个函数的导数公式. 这五条要从定义出发推出来，其他的则可以从这五条推出来.

这样归纳虽欠严谨，但有助于从总体上理解把握. 万一忘了或吃不准，就从这五条推一推. 具体运用时，还是熟练掌握为好.

习题 11－1 计算下列函数的导数：

(i) $e^x\sin x+e^x\cos x$；　　(ii) $\arcsin x+\frac{\sqrt{1-x^2}}{2x}$；

(iii) $x-\frac{1}{2}x\ln(1+x^2)$；　　(iv) $x^3e^x-3x^2e^x+6xe^x-6e^x$.

习题 11－2 填空

(i) $(\quad)'=3x^2-x$；

(ii) $(\quad)'=\sin 2x+\frac{1}{x^2}$；

(iii) $(\quad)'=xe^x-\frac{1}{x^2}$；

(iv) $(\quad)'=\ln x$.

第 12 讲

多练微分等式计算熟能生巧

牛顿采用的导数记号是在函数名上加个圆点. 用一撇表示求导数运算，是拉格朗日首先采用的记法.

这个记号很方便，但有不足之处. 例如，如果计算$(u^v)'$，就有了问题：是把 u 看成自变量，还是把 v 看成自变量呢? 把 u 看成自变量，v 就是参数，u^v 就是幂函数，$(u^v)'=v\cdot u^{v-1}$；如果把 v 看成自变量，u 就是参数，u^v 就是指数函数，则$(u^v)'=u^v\cdot \ln u$；两者大不相同.

因此，如果用一撇表示求导数运算，就必须约定一个表示自变量的字母. 这在讨论较复杂的问题时会带来不便.

微积分的另一位创建人莱布尼兹，对于求导的记号作了更细致的考虑，他建议用的求导记号，就是第 6 讲在强可导定义之后所介绍的，用$\frac{\mathrm{d}y}{\mathrm{d}x}$、$\frac{\mathrm{d}f}{\mathrm{d}x}$或$\frac{\mathrm{d}f(x)}{\mathrm{d}x}$来表示函数 $y=f(x)$的导数. 按照莱布尼兹的这种记号，$\frac{\mathrm{d}u^v}{\mathrm{d}u}=v\cdot u^{v-1}$而$\frac{\mathrm{d}u^v}{\mathrm{d}v}=u^v\cdot \ln u$，两者就分清楚了.

记号$\frac{\mathrm{d}y}{\mathrm{d}x}$作为导数，本意是一个整体. 但在引进微分的概念后，也可以看成两个微分的比. 而且这样看带来很多方便.

什么是微分？在第 3 讲里提到过“微分三角形”，在第 6 讲里说过“通常把 $f(x+h)-f(x)$ 叫做函数 f 在 x 处的差分，通常记作 Δy 或者 $\Delta f(x)$、Δf 等；$f'(x)h$ 叫做 f 在 x 处的微分，通常记作 $\mathrm{d}y$ 或者 $\mathrm{d}f(x)$、$\mathrm{d}f$ 等.”这样看，微分的意义很清楚也很简单，就是 $f'(x)h$，这里 h 是不同于 x 的独立的变量.

既然 $\mathrm{d}y=f'(x)h$，把 x 看成 x 自己的函数就有 $\mathrm{d}x=(x)'h=h$，于是 $\mathrm{d}y=f'(x)h=f'(x)\mathrm{d}x$. 这样，$\mathrm{d}y=f'(x)\mathrm{d}x$ 就成为 $\frac{\mathrm{d}y}{\mathrm{d}x}=f'(x)$ 的另一种写法，即求微分的表达式. 求微分的计算就是求导数的计算，只是用乘法形式代替了分数形式.

这样一来，初等函数求导公式可以写成初等函数微分公式：

(1)常数：$\mathrm{d}C=0$；

(2)幂函数：$\mathrm{d}x^n=nx^{n-1}\mathrm{d}x$（$n$ 非零整数，$x\in(-\infty,+\infty)$）；

$\mathrm{d}x^\alpha=\alpha x^{\alpha-1}\mathrm{d}x$（$\alpha$ 非零实数，$x>0$）.

(3)对数函数：$\mathrm{d}\ln x=\frac{\mathrm{d}x}{x}\ (x>0)$；

$\mathrm{d}\log_a x=\frac{\mathrm{d}x}{x\ln a}\ (x>0)$.

(4)指数函数：$\mathrm{d}e^x=e^x\mathrm{d}x$；

$\mathrm{d}a^x=a^x\ln a\mathrm{d}x$.

(5)三角函数：$\mathrm{d}\sin x=\cos x\mathrm{d}x$；

$\mathrm{d}\cos x=-\sin x dx$；

$\mathrm{d}\tan x=\frac{\mathrm{d}x}{\cos^2 x}$；

$\mathrm{d}\cot x=\frac{-\mathrm{d}x}{\sin^2 x}$.

(6)反三角函数：$\mathrm{d}\arcsin x=\frac{\mathrm{d}x}{\sqrt{1-x^2}}\ (|x|<1)$；

$\mathrm{d}\arccos x=\frac{-\mathrm{d}x}{\sqrt{1-x^2}}\ (|x|<1)$；

$$\mathrm{d}\arctan x=\frac{\mathrm{d}x}{1+x^2};$$

$$\mathrm{d}\operatorname{arccot} x=\frac{-\mathrm{d}x}{1+x^2}.$$

求导数的运算法则，也可以用微分等式来表示. 记忆这些法则时，可以省略自变量 x.

(i)函数线性组合的微分：$\mathrm{d}(\alpha f+\beta b)=\alpha \mathrm{d}f+\beta \mathrm{d}g$；

(ii)函数积的微分：$\mathrm{d}(f\cdot g)=f\mathrm{d}g+g\mathrm{d}f$；

(iii)函数商的微分：$\mathrm{d}\left(\frac{g}{f}\right)=\frac{f\mathrm{d}g-g\mathrm{d}f}{f^2}$；

(iV)复合函数的微分：$\mathrm{d}f(g)=f'(g)\mathrm{d}g$；

(V)反函数的微分：若 $f(g(x))=x$，则 $\mathrm{d}g=\frac{\mathrm{d}x}{f'(g)}$.

微分等式在表示复合函数的链式法则时更方便. 设 $y=f(u)$ 且 $u=g(x)$，按链式法则有 $\mathrm{d}y=\mathrm{d}f(g(x))=f'(g(x))g'(x)dx$；但由于 $u=g(x)$，所以 $\mathrm{d}u=g'(x)\mathrm{d}x$，这样就有 $\mathrm{d}y=\mathrm{d}f(g(x))=f'(g(x))\mathrm{d}u$，也就是 $\mathrm{d}y=\mathrm{d}f(u)=f'(u)\mathrm{d}u$，可见尽管 u 是中间变量，微分等式 $\mathrm{d}f(u)=f'(u)\mathrm{d}u$ 仍然成立. 这样不论函数复合多少次，都可以按微分等式一层一层地计算. 即所谓微分等式的不变性.

例题 12－1　求复合函数 $y=\sin \mathrm{e}^{\ln(1+x)^2}$ 的微分.

解　记 $u=\mathrm{e}^v, v=\ln w, w=1+x^2$；则

$$\mathrm{d}u=\mathrm{e}^v\mathrm{d}v, \mathrm{d}v=\frac{\mathrm{d}w}{w}, \mathrm{d}w=2x\mathrm{d}x.$$

于是有
$$\begin{aligned}\mathrm{d}y&=\mathrm{d}\sin u=\cos u\mathrm{d}u=\cos u\cdot \mathrm{e}^v\mathrm{d}v\\&=\cos u\cdot \mathrm{e}^v\cdot\frac{\mathrm{d}w}{w}=\cos u\cdot \mathrm{e}^v\cdot\frac{2x\mathrm{d}x}{w},\end{aligned}$$

代换后得
$$\mathrm{d}y=\frac{2x\cdot \mathrm{e}^{\ln(1+x^2)}\cos \mathrm{e}^{\ln(1+x^2)}\mathrm{d}x}{1+x^2}.$$

例题 12－2　设曲线 τ 的方程为 $x^2y+xy^2+x^2+y^2=9$，求曲线 τ 在点 $P(3,0)$ 和 $Q(0,-3)$ 处切线的斜率 k_p 和 k_Q(图 12－1).

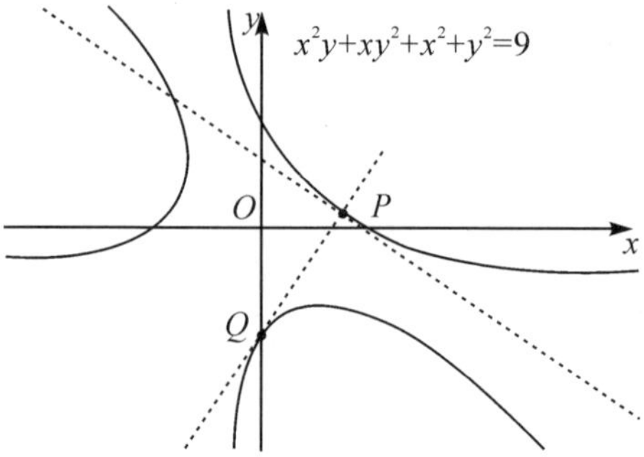

图 12—1 **曲线 $x^2y+xy^2+x^2+y^2=9$ 及其切线**

解 对曲线方程两端求微分得

$$x^2\mathrm{d}y+2xy\mathrm{d}x+2xy\mathrm{d}y+y^2\mathrm{d}x+2x\mathrm{d}x+2y\mathrm{d}y=0,$$

整理后为 $$(x^2+2xy+2y)\mathrm{d}y+(y^2+2xy+2x)\mathrm{d}x=0,$$

因此有 $$\frac{\mathrm{d}y}{\mathrm{d}x}=-\frac{y^2+2xy+2x}{x^2+2xy+2y}.$$

分别将 P 和 Q 的坐标代入得两点处切线斜率 $k_p=-\frac{2}{3}$ 和 $k_Q=\frac{3}{2}$.

习题 12—1 求下列函数的微分：

(i) $y=\ln(1+\mathrm{e}^{\sqrt{1+\cos^2 x}})$;

(ii) $y=2^{\sin(3+\ln(1+x^2))}+\sqrt{2+x^4}$.

习题 12—2 设曲线 τ 的方程为 $x^2+(1+\sin^2\pi x)y^2+xy=3$，求曲线 τ 在点 $P(1,1)$ 和 $Q(0,-\sqrt{3})$ 处切线的斜率 k_p 和 k_Q（图 12—2）.

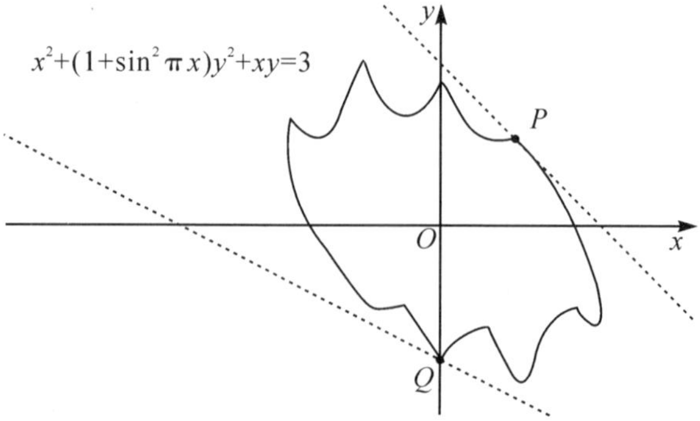

图 12—2 **曲线 $x^2+(1+\sin^2\pi x)y^2+xy=3$ 及其切线**

第13讲

学以致用微商描述曲线模样

给了一个初等函数的表达式，我们已经知道如何计算其微商即导数. 计算的步骤可以机械化地执行. 对于比较复杂的表达式，可以用计算机来求导.

求一个函数的导数的目的，是为了掌握函数的性质. 例如：

(i)估计函数在某些点处所取的值，如例题1—2、2—2、6—5等；

(ii)作函数曲线的切线(其实就是确定函数在某些点附近的最简单的近似表达式)，如例题3—1、3—2、3—3、8—3、12—2等；

(iii)确定函数的增减性以及最大最小值，如例题2—1、4—1、4—3、4—4、4—5、4—6、5—6等.

根据函数在某些特殊点的值和增减性，可以大体上了解函数图像的模样. 但是，增减性相同的函数，其图像仍然会有很大差异，图13—1中的两条曲线弧都是单增的，但弯曲方向却完全不同，如何描述曲线弯曲方向呢？

直线不弯曲，于是曲线弯曲方向可以直线为标准作比较. 在图13—1中的虚线曲线 $y=g(x)$ 上取两点作弦，两点之间的曲线在弦的上方；在实线曲线 $y=f(x)$ 上取两点作弦，两点之间的曲线在弦的下方. 过两点 $(u,F(u))$ 和 $(v,F(v))$ 的直线方

程为

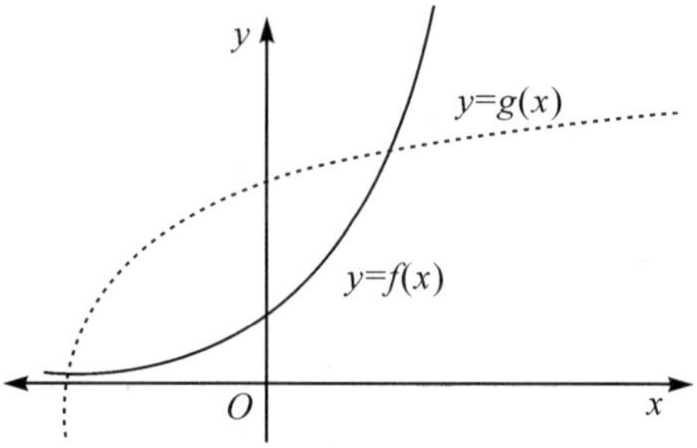

图 13－1　两个递增函数的曲线凸凹性不同

$$y=F(u)+\frac{x-u}{v-u}\cdot(F(v)-F(u)),$$

故可用下面的方法刻画曲线的凸凹.

定义 8　设函数 $F(x)$ 在区间 I 有定义. 对 I 的任意子区间 (u,v)，记

$$L(x,u,v)=F(u)+\frac{x-u}{v-u}\cdot(F(v)-F(u)).$$

若对 $x\in(u,v)$ 总有

$$F(x)\leqslant L(x,u,v), \qquad (13-1)$$

则称函数 $y=F(x)$ 在 I 上是下凸的；如果上述不等式中等号总是取不到，即对 $x\in(u,v)$ 总有

$$F(x)<L(x,u,v), \qquad (13-2)$$

则称函数 $y=F(x)$ 在 I 是严格下凸的；

反过来，如果将不等式反向，即对 $x\in(u,v)$ 总有

$$F(x)\geqslant L(x,u,v), \qquad (13-3)$$

则称函数 $y=F(x)$ 在 I 是上凸的；如果对 $x\in(u,v)$ 总有

$$F(x)>L(x,u,v), \qquad (13-4)$$

则称函数 $y=F(x)$ 在 I 是严格上凸的.

相应地也称函数曲线是下凸的或上凸的等，

图 13－2 是严格下凸函数的定义的说明. 图中直线方程是

$$y=F(u)+\frac{x-u}{v-u}\cdot(F(v)-F(u)).$$

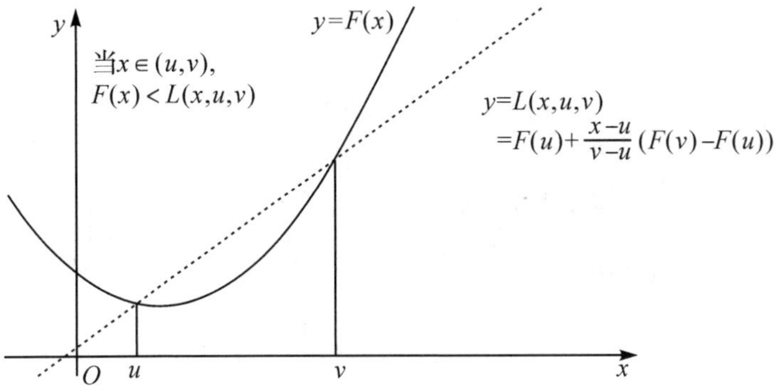

图 13—2 严格下凸函数图像

关于函数的凸性，各种资料中的说法不同. 有的书上称下凸的函数为“凸函数”；有的则相反，称下凸的函数为“凹函数”而称上凸的函数为“凸函数”. 此外还有上凹和下凹的说法，凸向原点和凹向原点的说法. 总之，阅读时要细心关注该资料本身的定义或上下文. 这里采用的上凸下凸的说法，不仅符合直观，也和各种资料均不冲突，没有歧义.

另外，刻画函数凸性的不等式，也有不同的说法. 不少资料上采用的定义类似于下面的表达：

设函数 $F(x)$ 在区间 I 上定义，若对 I 中的任意两点 u 和 v，和任意 $\lambda\in(0,1)$，都有

$$F(\lambda u+(1-\lambda)v)\leqslant\lambda F(u)+(1-\lambda)F(v),\qquad(13-5)$$

则称 $F(x)$ 在 I 上是下凸的.

相应地，在不等式中改取符号 $<$、$\geqslant$ 或 $>$，得到严格下凸、上凸和严格上凸的定义.

应当指出，不等式(13—5)和(13—1)等价，事实上，只要取点 $x=\lambda u+(1-\lambda)v$，则 $\lambda\in(0,1)$ 等价于 $x\in(u,v)$，且 $\lambda=\frac{x-u}{v-u}$；简单的计算表明

$$\lambda F(u)+(1-\lambda)F(v)=F(u)+\frac{(x-u)(F(v)-F(u))}{v-u}.\qquad(13-6)$$

也就是说，基于形式(13—5)的定义和这里的定义等价.

不少书上采用另一种方式来定义函数的凸性：

若对任意 $u,v\in I,u\neq v$，总有

$$F\left(\frac{u+v}{2}\right)\leqslant\frac{F(u)+F(v)}{2}, \tag{13—7}$$

则称函数曲线 $y=F(x)$ 在 I 上是下凸的；

若对任意 $u,v\in I,u\neq v$，总有

$$F\left(\frac{u+v}{2}\right)\geqslant\frac{F(u)+F(v)}{2}. \tag{13—8}$$

则称函数曲线 $y=F(x)$ 在 I 上是上凸的.

从不等式(13—5)显然能推出式(13—7)，反过来一般不成立. 不过若限制于可导函数，能够证明两者等价.

本书定义 8 中的不等式，左端是曲线弧上对应于变量 x 的点的纵坐标，右端是曲线弧的弦上对应于变量 x 的点的纵坐标，直观地表示出弦与弧的上下位置关系，不需要更多推导. 而另外两种定义，则具有数学的简洁性.

若函数 $F(x)$ 在区间 I 可导，其曲线上每点处就都有切线. 作出曲线的切线来观察，可以发现凸凹性和切线也有关系. 函数 $y=F(x)$ 在 I 上是下凸的，相当于曲线弧上每一点处的切线都在曲线弧之下. 函数曲线 $y=F(x)$ 在 I 上是上凸的，相当于曲线弧上每一点处的切线都在曲线弧之上；图 13—3 是下凸的情形.

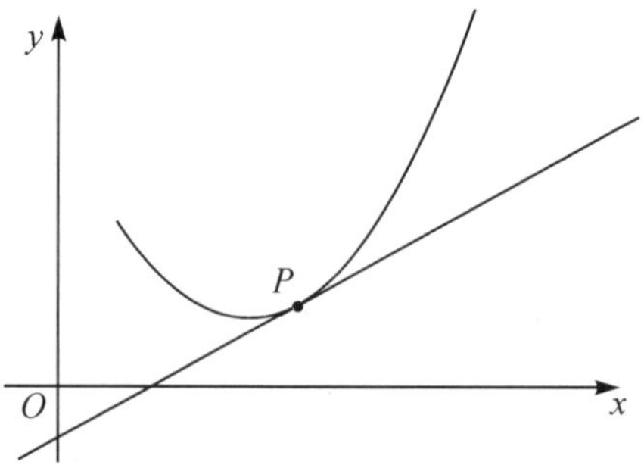

图 13—3　**下凸函数曲线的切线在下面**

仔细观察容易发现，下凸曲线上每点处的切线斜率随着 x 的增大而增大，上凸

曲线每点处的切线斜率随着 x 的增大而减少，如图 13－4.

而函数曲线 $F(x)$ 的切线斜率就是导数 $F'(x)$，这就提示我们，可用 $F'(x)$ 的单调性来判断函数曲线 $y=F(x)$ 的凹凸性. 经严谨论证，可得如下判定函数曲线凹凸性的方法.

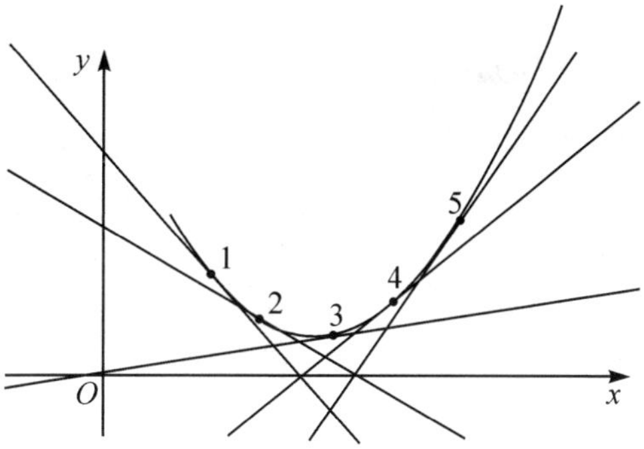

图 13－4　**下凸函数曲线切线斜率递增**

命题 13.1　设函数 $y=F(x)$ 在区间 I 可导，则

(i)若 $F'(x)$ 在 I 上非减，则 $y=F(x)$ 在 I 上是下凸的；

若 $F'(x)$ 在 I 上递增，则 $y=F(x)$ 在 I 上严格下凸；

(ii)若 $F'(x)$ 在 I 上非增，则 $y=F(x)$ 在 I 上是上凸的；

若 $F'(x)$ 在 I 上递减，则 $y=F(x)$ 在 I 上严格上凸.

证明　对于 I 中任意三点 $u<x<v$，由估值不等式可知：有 $[u,x]$ 中的 p 和 q，并且有 $[x,v]$ 中的 r 和 s 使有不等式

$$F'(p)\leqslant\frac{F(x)-F(u)}{x-u}\leqslant F'(q), \tag{13-9}$$

$$F'(r)\leqslant\frac{F(v)-F(x)}{v-x}\leqslant F'(s). \tag{13-10}$$

而且若 $F'(x)$ 在 I 上递减或递增，则 $y=F(x)$ 在 I 的任何子区间不可能是线性函数，从而上面的不等式可以成为严格的，即有

$$F'(p)<\frac{F(x)-F(u)}{x-u}<F'(q), \tag{13-11}$$

$$F'(r)<\frac{F(v)-F(x)}{v-x}<F'(s). \tag{13-12}$$

于是

(i)若 $F'(x)$ 非减，则由 $q\leqslant x\leqslant r$ 得 $F'(q)\leqslant F'(r)$，由(13—9)和(13—10)得

$$\frac{F(x)-F(u)}{x-u}\leqslant\frac{F(v)-F(x)}{v-x}. \tag{13—13}$$

这等价于

$$(F(x)-F(u))(v-x)\leqslant(F(v)-F(x))(x-u),$$

整理得

$$(v-u)F(x)\leqslant(v-u)F(u)+(x-u)(F(v)-F(u)), \tag{13—14}$$

两端除以 $(v-u)$ 即得 $F(x)$ 下凸的定义不等式.

若 $F'(x)$ 递增，用(13—11)和(13—12)代替(13—9)和(13—10)，同理得严格下凸定义不等式.

(ii)若 $F'(x)$ 非增，则由 $p\leqslant x\leqslant s$ 得 $F'(p)\geqslant F'(s)$，由(13—9)和(13—10)得

$$\frac{F(x)-F(u)}{x-u}\geqslant\frac{F(v)-F(x)}{v-x}. \tag{13—15}$$

整理得

$$(v-u)F(x)\geqslant(v-u)F(u)+(x-u)(F(v)-F(u)), \tag{13—16}$$

两端除以 $(v-u)$ 即得 $F(x)$ 上凸的定义不等式.

若 $F'(x)$ 递减，用(13—11)和(13—12)代替(13—9)和(13—10)同理得严格上凸定义不等式. 证毕.

函数 $y=F(x)$ 的导数 $F'(x)$ 如果也可导，则由 $F'(x)$ 的导数的正负可以判断其增减性. 此时称 $F(x)$ 二阶可导，$F'(x)$ 的导数叫做 $F(x)$ 的二阶导数，记作 $F''(x)$. 因而有

命题 13.2 设函数 $y=F(x)$ 在区间 I 上二阶强可导，若 $F''(x)>0$，则 $F(x)$ 在区间 I 上严格下凸；若 $F''(x)<0$，则 $F(x)$ 在区间 I 上严格上凸.

例题 13—1 确定对数函数 $y=\log_a x$ 的凸性.

解 两次求导数得

$$y'=\frac{1}{x\ln a},y''=-\frac{1}{x^2\ln a}. \tag{13—17}$$

当 $a>1$ 时 $\ln a>0$ 从而 $y''<0$，由命题 13.2 知 $y=\log_a x$ 严格上凸；

当 $a<1$ 时 $\ln a<0$ 从而 $y''>0$，由命题 13.2 知 $y=\log_a x$ 严格下凸(图 13－5).

例题 13－2 讨论函数曲线 $y=x^3$ 的凹凸性.

解 两次计算导数得

$$y'=3x^2, y''=6x. \tag{13-18}$$

当 $x\in(-\infty,0)$，$y''<0$，故函数 $y=x^3$ 在 $(-\infty,0)$ 严格上凸；

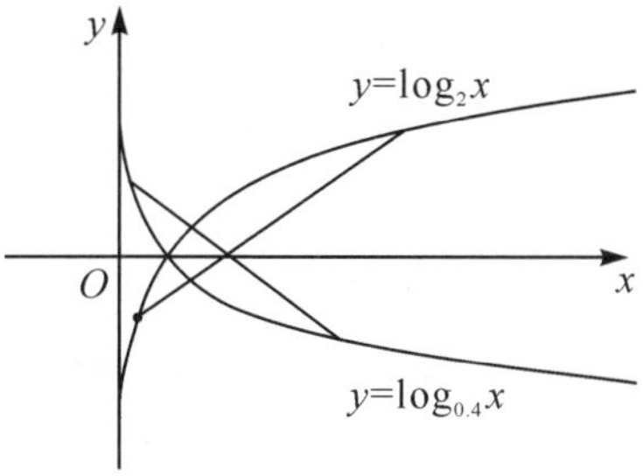

图 13－5 **对数函数的凸性**

当 $x\in(0,+\infty)$，$y''>0$，故函数 $y=x^3$ 在 $(0,+\infty)$ 严格下凸(图 13－6).

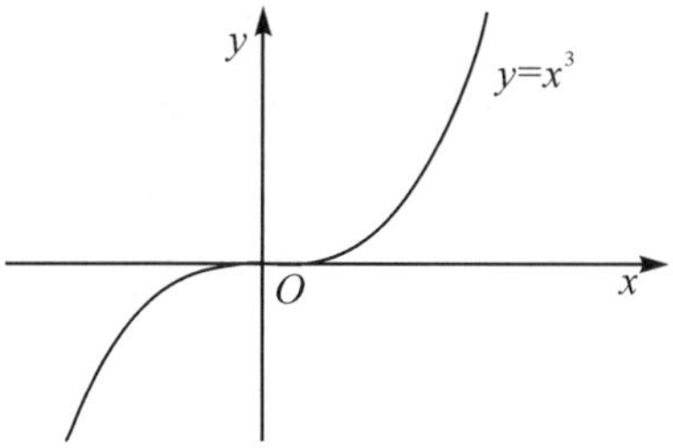

图 13－6 **函数曲线的拐点**

这里，函数曲线 $y=x^3$ 在点 $(0,0)$ 左右的凸性发生了变化. 称点 $(0,0)$ 为此曲线的拐点，一般说来，若函数曲线 $y=F(x)$ 在经过点 $(x_0,F(x_0))$ 时凹凸性改变了，那么就称点 $(x_0,F(x_0))$ 为该曲线的拐点，也说 x_0 是函数 $y=F(x)$ 的拐点.

显然，二阶可导的函数 $y=F(x)$ 对应的曲线凹凸性发生变化的点必然是 $F''(x)$ 的符号发生变化的分界点，即满足 $F''(x)=0$ 的点或二阶导数不存在的点. 找出这些点，再看点的两侧 $F''(x)$ 的符号是否相同，即可确定是否为拐点.

例题 13－3 求函数 $y=\sqrt[3]{x}$ 曲线的拐点.

解 求出

$$y'=\frac{1}{3\sqrt[3]{x^2}},y''=-\frac{2}{9x\sqrt[3]{x^2}}. \tag{13-19}$$

这里没有使 $y''=0$ 的点,但 $x=0$ 时 y''不存在.

当 $x<0$ 时 $y''>0$,曲线下凸;当 $x>0$ 时,$y''<0$,曲线上凸.

所以点(0,0)是函数 $y=\sqrt[3]{x}$曲线的拐点(图 13—7).

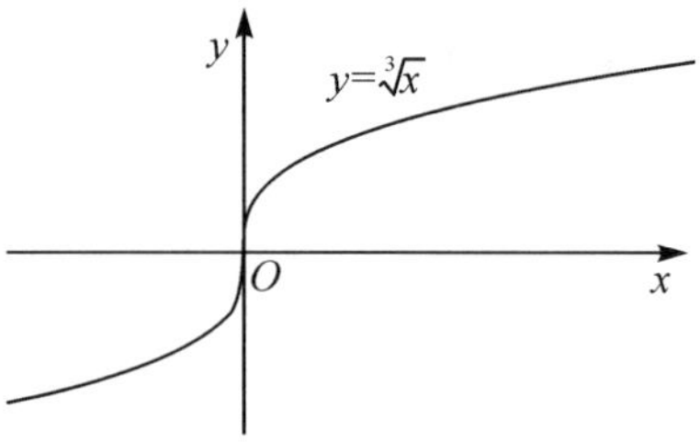

图 13—7 **函数** $y=\sqrt[3]{x}$**曲线的拐点**

例题 13—4 确定函数 $y=f(x)=e^{-\frac{x^2}{2}}$ 的凸性与拐点.

解 求出

$$y''=-xe^{-\frac{x^2}{2}},y''=(x^2-1)e^{-\frac{x^2}{2}}. \tag{13-20}$$

使 $y''=0$ 的点为 $x=\pm1$,为方便讨论,列表如下:

x	$(-\infty,-1)$	-1	$(-1,1)$	1	$(1,+\infty)$
y''	$+$	0	$-$	0	$+$
$f(x)$的凸性	下凸	拐点	上凹	拐点	下凸

函数曲线 $y=e^{-\frac{x^2}{2}}$ 的两个拐点分别是$(-1,e^{-\frac{1}{2}})$与$(1,e^{-\frac{1}{2}})$. 如图 13—8.

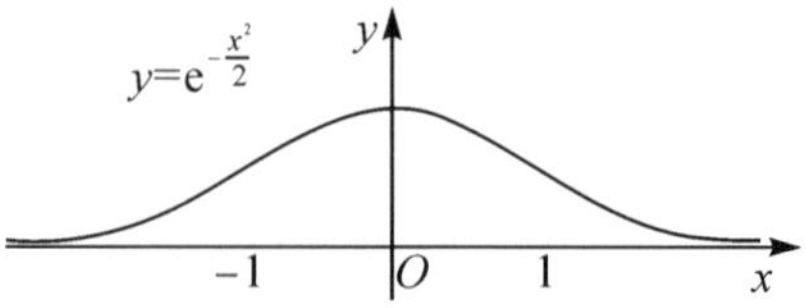

图 13—8 **函数曲线** $y=e^{-\frac{x^2}{2}}$ **的两个拐点**

习题 13—1 讨论函数 $y=\arctan x$ 曲线的凸性，并确定其拐点.

习题 13—2 讨论指数函数 $y=e^x$ 的凸性，并证明当 $x\neq y$ 时有不等式 $e^x+e^y>2e^{\frac{x+y}{2}}$.

习题 13—3 讨论函数 $y=\sin x$ 曲线的凸性，并确定其拐点.

习题 13—4 讨论函数 $y=x^{\frac{1}{5}}$ 曲线的凸性，并确定其拐点.

习题 13—5 讨论函数 $y=x^3-a\cdot x^2+5$ 曲线的凸性，并确定其拐点.

习题 13—6 设 $f(x)$ 在 $[a,b]$ 上强可导且导数 $f'(x)$ 递增，求证：对任一点 $u\in[a,b]$，当 $x\neq u$ 时有不等式 $f(x)>f(u)+f'(u)(x-u)$.

第 14 讲

艺术精深函数展成泰勒级数

知道了一个函数 $y=F(x)$ 的表达式，如何根据给定的 x 的值尽可能准确地求出 $F(x)$ 的值呢？这个问题的现实重要性和理论意义是不言而喻的.

有些函数，根据表达式可以通过加减乘除来求函数值. 例如多项式函数和分式函数. 但是另一些函数，像三角函数、对数函数、指数函数等，从表达式看不出求函数值的具体步骤. 在没有微积分的年代，数学家曾经花费大量的时间和精力编制这些函数的函数表，以满足天文、航海等实际应用的需求. 微积分的发展，为计算函数值提供了有力的方法，其中最重要也是最常用的，就是泰勒公式（泰勒，B. Taylor，英国数学家，1685—1731）.

泰勒公式最简单的情形，可以从强导数的定义推出.

回顾强可导的定义（定义 5）可知，若函数 $f(x)$ 在 $[a,b]$ 上的强导数为 $f'(x)$，则有正数 M 使对 $[a,b]$ 上任两点 u 和 $u+h$ 成立不等式（6—6）：

$$|f(u+h)-f(u)-g(u)h|\leqslant Mh^2. \tag{14-1}$$

记 $u+h=x$，再令

$R_1(x,u)=f(x)-f(u)-f'(u)(x-u)$

$$=f(u+h)-f(u)-f'(u)h, \tag{14-2}$$

则有

$$f(x)=f(u)+f'(u)(x-u)+R_1(x,u),$$

$$|R_1(x,u)|\leqslant M(x-u)^2. \tag{14-3}$$

式(14—3)表明，如果 x 和 u 很接近，可以用一次函数 $f(u)+f'(u)(x-u)$ 作为 $f(x)$ 的近似值，其误差的绝对值不超过 $M(x-u)^2$. 在例题 1—2、2—2、6—5 中，正是用这种思路估计了几个函数在某些点处的值.

一次函数 $f(u)+f'(u)(x-u)$ 和 $f(x)$ 之间有什么关系呢？

容易看出，它们在 $x=u$ 处有相同的函数值和相同的导数值.

一次函数 $y=f(u)+f'(u)(x-u)$ 的图像是直线，它就是曲线 $y=f(x)$ 在点 $(u,f(u))$ 处的切线. 直线和曲线一般总不会太接近. 如果用二次函数以至更高次的多项式作为函数 $f(x)$ 的近似值，看来应当有更好的效果. 这样就引出了泰勒多项式的概念.

泰勒多项式的概念涉及函数的高阶导数.

前面讨论函数的凸性时，用到了二阶导数.

函数 $F(x)$ 的导数 $F'(x)$ 也叫一阶导数. $F'(x)$ 的导数叫二阶导数，记作 $F''(x)$. 如果 $F''(x)$ 可导，其导数叫做 $F(x)$ 的三阶导数，记做 $F'''(x)$ 或 $F^{(3)}(x)$. 一般说来，可以归纳地定义：记 $F^{(0)}(x)=F(x)$，$F^{(1)}(x)=F'(x)$；当 $n>1$ 时若 $F^{(n-1)}(x)$ 可导则定义

$$F^{(n)}(x)=(F^{(n-1)}(x))', \tag{14-4}$$

并称 $F^{(n)}(x)$ 为 $F(x)$ 的 n 阶导数.

定义 9 设 $F(x)$ 在区间 I 有 n 阶导数($n>0$)，$u\in I$. 多项式

$$T_n(x,u,F)=\sum_{k=0}^{n}\frac{F^{(k)}(u)}{k!}\cdot(x-u)^k \tag{14-5}$$

叫做 $F(x)$ 在 $x=u$ 处的 n 阶泰勒多项式. 而

$$R_n(x,u,F)=F(x)-T_n(x,u,F) \tag{14-6}$$

叫做 $F(x)$ 在 $x=u$ 处的 n 阶泰勒展开的余项，或 n 阶泰勒余项.

在不至于混淆时，可以简单地用 $R_n(x)$ 和 $T_n(x)$ 或 $R_n(x,F)$ 和 $T_n(x,F)$ 分别表示 $R_n(x,u,F)$ 和 $T_n(x,u,F)$.

容易验证，$R_n(u)=F(u)$，并且对 $k=1,\cdots,n$ 有 $R_n^{(k)}(u)=F^{(k)}(u)$. 也就是说，所谓 $F(x)$ 在 $x=u$ 处的 n 阶泰勒多项式 $R_n(x)$，是这样的不超过 n 次的多项式，它在 $x=u$ 处的函数值和不超过 n 阶的导数值分别和 $F(x)$ 的函数值和不超过 n 阶的导数值相等.

根据(14－6)，有

$$F(x)=F(u)+F'(u)(x-u)+\frac{F''(u)(x-u)}{2}+\frac{F^{(3)}(u)(x-u)}{3!}+\cdots+\frac{F^{(n)}(u)(x-u)}{n!}+R_n(x). \tag{14-7}$$

这个等式叫做 $F(x)$ 在 $x=u$ 处的 n 阶泰勒展开式，$F(x)$ 在 $x=0$ 处的泰勒展开式也叫做 $F(x)$ 的马克劳林展开式(马克劳林，C. Maclaurin，英国数学家，1698—1746).

如果余项 $|R_n(x)|$ 很小，泰勒公式就提供了用四则运算计算函数值的一个有效的方法. 因此，余项的估计很重要. 估计余项的方法不止一种，下面的方法仅仅用到“导数正则函数增”的基本知识.

命题 14.1 设 $F(x)$ 和 $G(x)$ 在 $[a,b]$ 上可导，如果对一切 $x\in[a,b]$ 有 $F'(x)\leqslant G'(x)$，则对一切 $x\in[a,b]$ 有

$$F(x)-F(a)\leqslant G(x)-G(a). \tag{14-8}$$

证明 令 $H(x)=G(x)-F(x)$，则对一切 $x\in[a,b]$ 有 $H'(x)=G'(x)-F'(x))\geqslant 0$，故 $H(x)$ 在 $[a,b]$ 上单调不减，从而 $H(x)\geqslant H(a)$，即(14－8)，证毕.

命题 14－2 (预备泰勒定理)设 $H(x)$ 在 $[a,b]$ 上 $n+1$ 阶可导，且

(i) $k=0,1,2,\cdots,n$ 时，有 $H^{(k)}(a)=0$；

(ii) 在 $[a,b]$ 上有 $m\leqslant H^{(n+1)}(x)\leqslant M$.

则对 $x\in[a,b]$ 有

$$\frac{m(x-a)^{n+1}}{(n+1)!} \leqslant H(x) \leqslant \frac{M(x-a)^{n+1}}{(n+1)!}. \qquad (14-9)$$

证明 先对 $k=0,1,2,\cdots,n+1$ 作不完全归纳来证明

$$\frac{m(x-a)^k}{k!} \leqslant H^{(n+1-k)}(x) \leqslant \frac{M(x-a)^k}{k!}. \qquad (14-10)$$

当 $k=0$ 时，由条件(ii)在$[a,b]$上有 $m \leqslant H^{(n+1)}(x) \leqslant M$；

设 $k<n+1$ 时有(14—10)，则由命题 14.1 对 $k+1$ 有

$$\frac{m(x-a)^{k+1}}{(k+1)!}-\frac{m(a-a)^{k+1}}{(k+1)!} \leqslant H^{(n-k)}(x)-H^{(n-k)}(a)$$

$$\leqslant \frac{M(x-a)^{k+1}}{(k+1)!}-\frac{M(a-a)^{k+1}}{(k+1)!}, \qquad (14-11)$$

由条件(i)也就是

$$\frac{m(x-a)^{k+1}}{(k+1)!} \leqslant H^{(n-k)}(x) \leqslant \frac{M(x-a)^{k+1}}{(k+1)!}, \qquad (14-12)$$

由数学归纳法，(14—10)对 $k=0,1,2,\cdots,n+1$ 成立. 特别当 $k=n+1$ 时得到要证明的(14—9)，证毕.

现在可以轻松得到**泰勒展开式**的余项估计了.

命题 14.3 （泰勒定理）设 $F(x)$ 在$[a,b]$上 $n+1$ 阶可导，且在$[a,b]$上有 $|F^{(n+1)}(x)| \leqslant M$，则对$[a,b]$上任意点 u 和 x，有泰勒展开式

$$F(x)=T_n(x,u)+R_n(x)=\sum_{k=0}^{n}\frac{F^{(k)}(u)}{k!}(x-u)^k+R_n(x), \qquad (14-13)$$

并且

$$|R_n(x)|=|F(x)-T_n(x,u)| \leqslant \frac{M|x-u|^{n+1}}{(n+1)!}. \qquad (14-14)$$

证明 令 $H(x)=F(x)-T_n(x,u)$，易验证 $H(x)$ 在$[u,b]$上满足命题 14.2 中的条件，从而当 $x\in[u,b]$ 时，有(14—14)成立.

当 $x\in[a,u]$ 时，取 $G(x)=F(-x)$，对 $G(x)$ 在$[-u,-a]$上应用上述已经获证的结论，再将 G 回代为 F，就完全证明了所要的结论，证毕.

利用泰勒公式展开多项式，若 n 不小于多项式的次数，则余项为 0，得到准确的

表达式.

例题 14－1 按$(x+1)$的幂展开函数 $F(x)=x^4-5x^3+2x^2-3x+7$.

解 1 容易求得

$$F'(x)=4x^3-15x^2+4x-3, F''(x)=12x^2-30x+4,$$

$$F^{(3)}(x)=24x-30, F^{(4)}(x)=24, F^{(5)}(x)=0. \qquad (14-15)$$

于是 $F(-1)=18, F'(-1)=-26, F''(-1)=46, F^{(3)}(-1)=-54, F^{(4)}(-1)=24$；代入泰勒多项式，注意余项为 0，得到：

$$F(x)=18-26(x+1)+23(x+1)^2-9(x+1)^3+(x+1)^4. \qquad (14-16)$$

解 2 用待定系数法，设

$$F(x)=A+B(x+1)+C(x+1)^2+D(x+1)^3+E(x+1)^4. \qquad (14-17)$$

两端取 $x=-1$ 得 $A=F(-1)=18$；

将(14－17)两端求导后取 $x=-1$ 得 $B=F'(-1)=-26$；

再求导取 $x=-1$ 得 $2C=F''(-1)=46, C=23$；

再求导取 $x=-1$ 得 $6D=F^{(3)}(-1)=-54, D=-9$；

最后显然有 $E=1$，从而得到同样的结果. 这种方法说明了泰勒多项式的发现过程.

解 3 不求导数也可以. 只要设 $x+1=u$，则 $x=u-1$，于是

$$\begin{aligned}F(x)&=F(u-1)\\&=(u-1)^4-5(u-1)^3+2(u-1)^2-3(u-1)+7 \qquad (14-18)\\&=u^4-9u^3+23u^2-26u+18\\&=18-26(x+1)+23(x+1)^2-9(x+1)^3+(x+1)^4.\end{aligned}$$

可谓殊途同归.

例题 14－2 写出函数 $F(x)=e^x$ 的 n 阶马克劳林公式，并求 e 的近似值，使其误差不超过 10^{-6}.

解 容易计算出

$$F'(x)=F''(x)=\cdots=F^{(n)}(x)=e^x,$$

$$F'(0)=F''(0)=\cdots=F^{(n)}(0)=1. \tag{14-19}$$

根据泰勒定理,对于任意的 $a\leqslant 0\leqslant b$ 和 $x\in[a,b]$得

$$e^x=1+x+\frac{1}{2!}x^2+\frac{1}{3!}x^3+\cdots\frac{1}{n!}x^n+R_n(x). \tag{14-20}$$

若记 $A=\max\{|a|,|b|\}$,则

$$|R_n(x)|\leqslant\frac{|e^Ax^n|}{n!}. \tag{14-21}$$

取 $x=1$,则得无理数 e 的近似式为

$$e\approx 1+1+\frac{1}{2!}+\frac{1}{3!}+\cdots+\frac{1}{(n-1)!}. \tag{14-22}$$

因为 $x=1\in[0,1]$,所以

$$|R_n(1)|<\frac{3}{(n+1)!}. \tag{14-23}$$

取 $n=9$,可得 $R_n(1)<10^{-6}$,此时 $e\approx 2.718282$ 即为所求.

图 14—1 画出了函数 $y=e^x$ 和它在 $x=0$ 处的前几个泰勒多项式的图像,图中粗线是 $y=e^x$ 的图像,细虚线分别是其 0 到 6 价的泰勒多项式的图像,其中 4、5、6 阶的泰勒多项式在 $x>0$ 的部分和 $y=e^x$ 很接近,从图上看不到了.

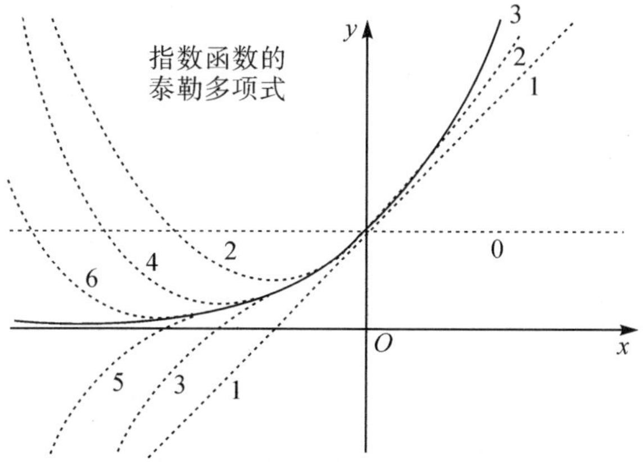

图 14—1　指数函数的泰勒多项式

例题 14—3　求函数 $F(x)=\sin x$ 的 n 阶马克劳林展开式.

解　计算给出 $F^{(2n)}(0)=0$,$F^{(4n+1)}(0)=1$ 和 $F^{(4n+3)}(0)=-1$,故有

$$\sin x=x-\frac{x^3}{3!}+\frac{x^5}{5!}-\cdots+(-1)^{k-1}\frac{x^{2k-1}}{(2k-1)!}+R_{2k}(x).\qquad(14-24)$$

其中$|R_{2k}(x)|\leqslant\frac{|x|^{2k+1}}{(2k+1)!}$.

如果在式(14—24)中取 $k=1$，则得近似公式 $\sin x\approx x$，分别取 $k=2,3$，则可得 $\sin x$ 的 3 次和 5 次近似公式 $\sin x\approx x-\frac{x^3}{3!}$ 和 $\sin x\approx x-\frac{x^3}{3!}+\frac{x^5}{5!}$. 这些和 $\sin x$ 越来越接近的多项式函数的曲线如图 14—2.

习题 14—1 按$(x-1)$的幂展开函数 $F(x)=x^4-4x^3+5x^2-7x+3$，用不同的方法来做.

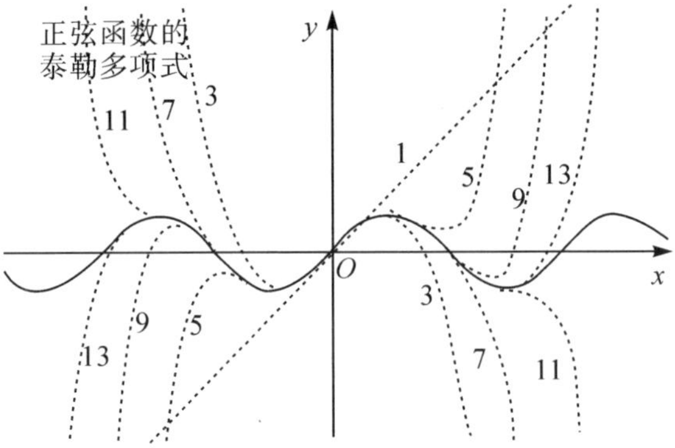

图 14—2 正弦函数的泰勒多项式

习题 14—2 求证

$$\cos x=1-\frac{x^2}{2!}+\frac{x^4}{4!}-\cdots+(-1)^k\frac{x^{2k}}{(2k)!}+R_{2k+1}(x),$$

$$|R_{2k+1}(x)|\leqslant\frac{|x|^{2(k+1)}}{(2(k+1))!}.\qquad(14-25)$$

并用此式计算 $\cos 5^\circ$ 精确到 5 位有效数字.

习题 14—3 求 $\ln(1+x)$的马克劳林展开式，并估计余项.

习题 14—4 求函数 $f(x)=\arctan x$ 的马克劳林展开式，并利用它计算圆周率 π 的近似值.

第 15 讲

甲乙函数证微积分基本定理

本书一开始就提到，如何计算任意曲线包围的面积，直到 17 世纪初还是数学家面前的难题. 微积分的诞生使这个难题迎刃而解.

一般说来，任意曲线包围的区域总能用直线分割成若干矩形和一些“曲边梯形”(图 15－1)，所以问题最后归结为曲边梯形面积的计算. 在第 2 讲谈到“曲边梯形”面积和估值不等式的联系；在第 9 讲中，更利用曲边梯形面积与估值不等式引进了对数函数 $\ln x$. 为了进行更严谨的讨论，必须说清楚什么是曲边梯形的面积.

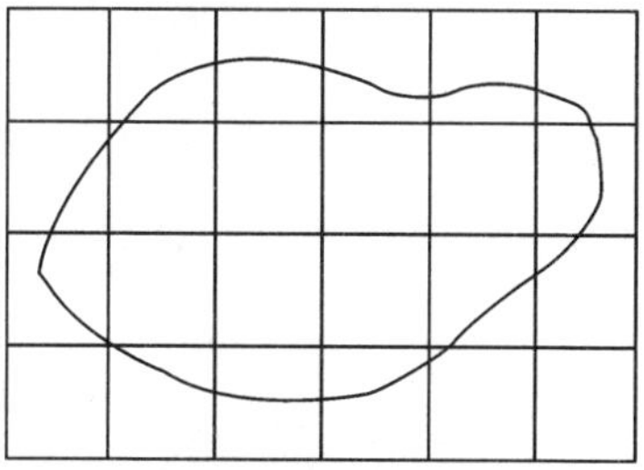

图 15－1　曲线包围的区域被分割成矩形和曲边梯形

给了区间 I 上的函数 $f(x)$，对应于 I 中任意两点 $u<v$，$f(x)$ 在 $[u,v]$ 上的曲边梯形的“代数面积”(如图 15－2，在 x 轴上方部分面积为正，下方部分面积为负，

取总和)，可以看成是某个二元函数 $S(u,v)$ 的值. 基于一般的面积概念，$S(u,v)$ 应当满足两个条件. 一个条件是面积的可加性：$[u,v]$ 上的面积加上 $[v,w]$ 上的面积，等于 $[u,w]$ 上的面积；第二个条件是，$[u,v]$ 上的面积和区间 $[u,v]$ 的长度之比，应当是 $f(x)$ 在 $[u,v]$ 上的"平均值". 根据面积的这些直观性质，抽象出下面的定义.

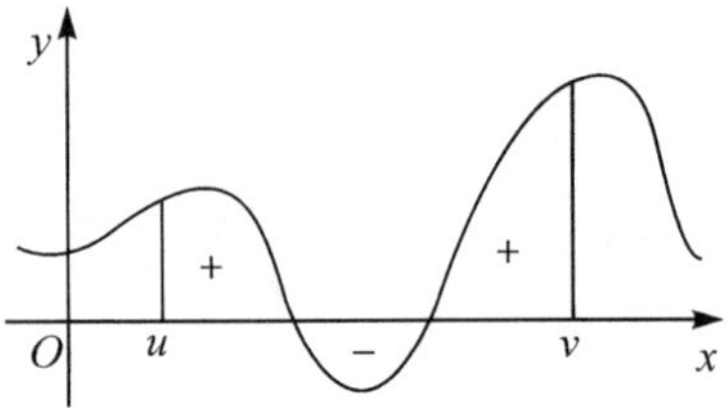

图 15－2　区间 $[u,v]$ 上曲边梯形的代数面积

定义 10　(积分系统和定积分)设 $f(x)$ 在区间 I 上有定义；如果有一个二元函数 $S(u,v)$ $(u\in I, v\in I)$，满足

(i)可加性：对 I 上任意的 u,v,w 有

$$S(u,v)+S(v,w)=S(u,w); \tag{15-1}$$

(ii)中值性：对 I 上任意的 $u<v$，在 $[u,v]$ 上必有两点 p 和 q 使

$$f(p)(v-u)\leqslant S(u,v)\leqslant f(q)(v-u). \tag{15-2}$$

则称 $S(u,v)$ 是 $f(x)$ 在 I 上的一个积分系统.

如果 $f(x)$ 在 I 上有唯一的积分系统 $S(u,v)$，则称 $f(x)$ 在(I 的子区间)$[u,v]$ 上可积，并称数值 $S(u,v)$ 是 $f(x)$ 在 $[u,v]$ 上的定积分，记作 $S(u,v)=\int_u^v f(x)\mathrm{d}x$. 表达式中的 $f(x)$ 叫做被积函数，x 叫做积分变量，u 和 v 分别叫做积分的下限和上限. 用不同于 u,v 的其他字母(如 t) 来代替 x 时，$S(u,v)$ 数值不变.

根据定义容易得出

命题 15.1　若 $S(u,v)$ 是一个积分系统，则

(i) $S(u,u)=0$;

(ii) $S(u,v)=-S(v,u)$. (15－3)

证明　(i) 由 $S(u,u)+S(u,v)=S(u,v)$ 推出 $S(u,u)=0$;

(ii) 由 $S(u,v)+S(v,u)=S(u,u)=0$ 推出 $S(u,v)=-S(v,u)$.

命题 15.2 设 $S(u,v)$ 是 $f(x)$ 在 I 上的一个积分系统，c 是 I 上的一个点，令 $F(x)=S(c,x)$，则在 I 上 $f(x)$ 是 $F(x)$ 的乙函数；

反过来，若在 I 上 $f(x)$ 是 $F(x)$ 的乙函数，令 $S(u,v)=F(v)-F(u)$，则 $S(u,v)$ 是 $f(x)$ 在 I 上的一个积分系统.

证明 设 $S(u,v)$ 是 $f(x)$ 在 I 上的一个积分系统且 $F(x)=S(c,x)$，则由可加性有 $S(u,v)=S(c,v)-S(c,u)=F(v)-F(u)$，再由中值性可知 $f(x)$ 是 $F(x)$ 的乙函数.

反过来，若在 I 上 $f(x)$ 是 $F(x)$ 的乙函数，令 $s(u,v)=F(v)-F(u)$，则由

$$S(u,v)+S(v,w)=F(v)-F(u)+F(w)-F(v)=F(w)-F(u)=S(u,w)$$

可知 $S(u,v)$ 满足可加性，再由乙函数定义得 $S(u,v)$ 满足中值性. 证毕.

定积分除了满足前述定义外，还有下述基本性质：

(i) 若 $f(x)$ 和 $g(x)$ 都在 $[a,b]$ 可积，则对于任意实数 α 和 β，函数 $\alpha f(x)+\beta g(x)$ 也在 $[a,b]$ 可积，且

$$\int_a^b(\alpha f(x)+\beta g(x))\mathrm{d}x=\alpha\int_a^b f(x)\mathrm{d}x+\beta\int_a^b g(x)\mathrm{d}x; \qquad (15-4)$$

(ii) 若 $f(x)$ 在 $[a,b]$ 可积，则函数 $|f(x)|$ 也在 $[a,b]$ 可积，且

$$\left|\int_a^b f(x)\mathrm{d}x\right|\leqslant\int_a^b |f(x)|\mathrm{d}x. \qquad (15-5)$$

这些性质的证明从略，

性急的读者可以跳过下面的两个例题，了解微积分基本定理.

例题 15－1 求证区间 I 上的常数函数 $f(x)=c$ 有唯一的积分系统 $S(u,v)$，并计算 $S(u,v)=\int_u^v c\,\mathrm{d}x$.

证明 根据中值性有

$$c(v-u)=f(p)(v-u)\leqslant S(u,v)\leqslant f(q)(v-u)=c(v-u).$$

从而

$S(u,v)=\int_u^v c\,\mathrm{d}x=c(v-u)$(其几何意义如图 15－3).

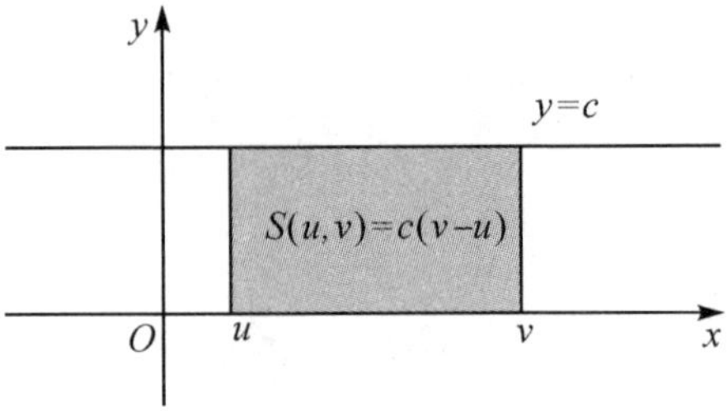

图 15－3　常数函数 $f(x)=c$ 的定积分

例题 15－2　设 $f(x)=\operatorname{sgn}(x)$，$S(u,v)=|v|-|u|$，则在任意区间 I 上，$S(u,v)$ 是 $f(x)$ 的唯一积分系统，即

$$|v|-|u|=\int_u^v \operatorname{sgn}(x)\mathrm{d}x. \tag{15－6}$$

证明　容易验证在任意区间 I 上 $f(x)=\operatorname{sgn}(x)$ 是 $F(x)=|x|$ 的乙函数(习题 2－7)，从而由命题 15.2 知道 $S(u,v)=|v|-|u|$ 是 $f(x)=\operatorname{sgn}(x)$ 的一个积分系统.

下面证明 $S(u,v)=|v|-|u|$ 是 $f(x)=\operatorname{sgn}(x)$ 的唯一的积分系统.

设 $R(u,v)$ 也是 $f(x)=\operatorname{sgn}(x)$ 的一个积分系统，往证 $R(u,v)=S(u,v)$. 由可分性有 $R(u,v)=R(0,v)-R(0,u)$ 和 $S(u,v)=S(0,v)-S(0,u)$，故只要证明对任意的 x 有 $R(0,x)=S(0,x)$ 即可.

用反证法. 设有 c 使得 $R(0,c)\neq S(0,c)$，记 $A=|R(0,c)-S(0,c)|>0$. 此时显然有 $c\neq 0$. 取正整数 $n>\dfrac{3|c|}{A}$，则 $\dfrac{c}{n}$ 和 c 同为正数或同为负数. 由例题 15－1 有 $R\left(\dfrac{c}{n},c\right)=\operatorname{sgn}(c)\left(c-\dfrac{c}{n}\right)=S\left(\dfrac{c}{n},c\right)$，故得

$$A=|R(0,c)-S(0,c)|=\left|R\left(0,\frac{c}{n}\right)-S\left(0,\frac{c}{n}\right)\right|\leqslant\frac{2|c|}{n}; \tag{15－7}$$

这与 $n>\dfrac{3|c|}{A}$ 矛盾，从而否定了反证法假设 $R(0,c)\neq S(0,c)$，证毕.

例题 15－2 的几何意义如图 15－4.

下面的定理，标志着微积分的诞生.

命题 15.3 （微积分基本定理）设 $F(x)$ 在 I 上强可导，$F'(x)=f(x)$. 令 $S(u,v)=F(v)-F(u)$，则 $S(u,v)$ 是 $f(x)$ 在 I 上的唯一积分系统，从而有

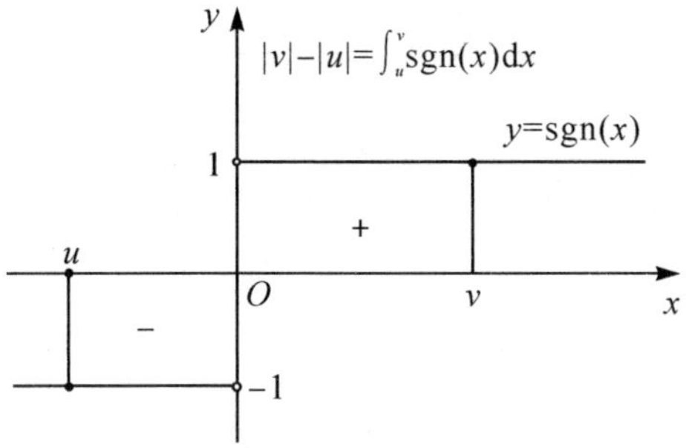

图 15－4　符号函数 $f(x)=\mathrm{sgn}(x)$ 的定积分

$$\int_u^v f(x)\mathrm{d}x=F(v)-F(u). \tag{15-8}$$

（这个等式就是著名的牛顿—莱布尼兹公式.）

证明　由命题 6.4，$F'(x)=f(x)$ 是 $F(x)$ 的乙函数. 由命题 15.2 推出 $S(u,v)=F(v)-F(u)$ 是 $f(x)$ 在 I 上的积分系统.

下面只需要证明 $S(u,v)$ 是 $f(x)$ 在 I 上的唯一积分系统.

设 $R(u,v)$ 也是 $f(x)$ 在 I 上的积分系统. 取 I 上任一定点 c，令 $G(x)=R(c,x)$，则由命题 15.2，在 I 上 $f(x)$ 也是 $G(x)$ 的乙函数；又由命题 6.4 知 $f(x)$ 在 I 上差商有界，且 $G'(x)=f(x)=F'(x)$.

于是 $(G(x)-F(x))'=0$，导数为 0，故在 I 上 $F(u)-G(u)=F(v)-G(v)$ 为常数，故有 $R(u,v)=G(v)-G(u)=F(v)-F(u)=S(u,v)$，这证明了 $S(u,v)$ 是 $f(x)$ 在 I 上的唯一积分系统，由定义知道定积分记号合理，从而由 $S(u,v)=F(v)-F(u)$ 得所要的等式，证毕.

若 $f(x)$ 是 $F(x)$ 的导数，则称 $F(x)$ 是 $f(x)$ 的原函数. 牛顿—莱布尼兹公式表明，只要找到 $f(x)$ 的一个原函数，就能够轻易地求出 $y=f(x)$ 构成的曲边梯形的面积. 这一举解决了大量的面积计算问题.

例题 15－3　如图 15－5，抛物线 $y=x^2$ 和直线 $y=x+2$ 交于 P 和 Q 两点，

求线段 PQ 所对的抛物线弓形的面积.

解 如图 15－5,所求弓形面积等于梯形 $ABPQ$ 减去抛物线下阴影部分面积之差.设阴影部分面积为 S,由于 $f(x)=x^2$ 的原函数是 $F(x)=\frac{x^3}{3}$,根据微积分基本定理得

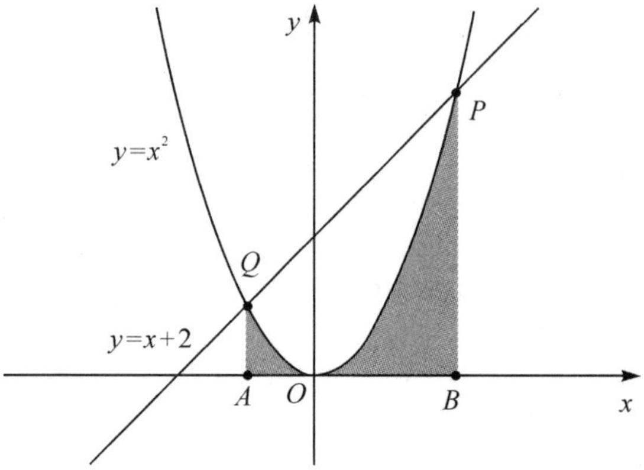

图 15－5　抛物线下的面积

$$S=\int_{-1}^{2}x^2dx=\frac{x^3}{3}\bigg|_{-1}^{2}=\frac{2^3}{3}-\frac{(-1)^3}{3}=3. \tag{15－9}$$

容易算出梯形 $ABPQ$ 面积为$\frac{15}{2}$,故所求弓形面积为$\frac{15}{2}-3=\frac{9}{2}$.

这里和以后用记号 $F(x)\Big|_a^b$ 表示 $F(b)-F(a)$.其中变量 x 可以代之以其他字母变量.

例题 15－4 求函数 $y=\sin x$ 的曲线在区间$[a,b]$形成的曲边梯形的代数面积.

解 由于$(-\cos x)'=\sin x$,根据微积分基本定理可知所求代数面积为

$$\int_a^b\sin x\mathrm{d}x=(-\cos x)\Big|_a^b=(-\cos b)-(-\cos a)=\cos a-\cos b. \tag{15－10}$$

取(15－10)的特例,令 $a=0,b=\pi$,求得正弦曲线在$[0,\pi]$上的弓形面积(图 15－6)为

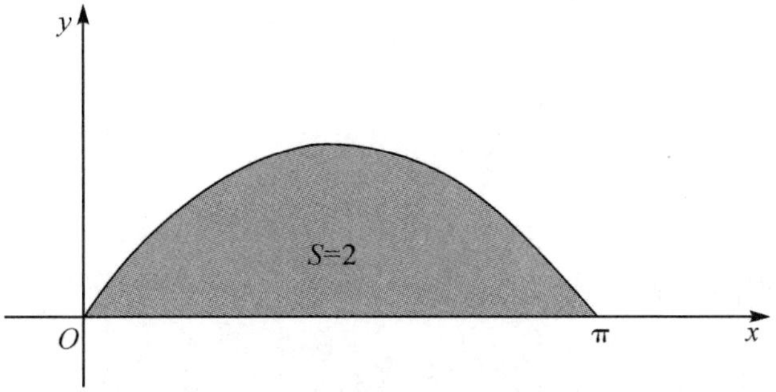

图 15－6　正弦曲线在$[0,\pi]$上的弓形面积

$$\int_0^{\pi}\sin x\mathrm{d}x = \cos 0 - \cos\pi = 1-(-1) = 2. \qquad (15-11)$$

曲边梯形的面积是定积分最基本的几何模型，也是最初步的应用. 后面还会举出它在物理和几何中更多的应用.

为了应用微积分基本定理(牛顿 — 莱布尼兹公式)，常常要找出已知函数的原函数即甲函数，也就是问已知函数是谁的导数.

若 $F(x)$ 是 $f(x)$ 的一个原函数，C 是任意常数，则 $F(x)+C$ 显然也是 $f(x)$ 的原函数.

如果 $G(x)$ 也是 $f(x)$ 的原函数，则 $(F(x)-G(x))'=0$，从而 $F(x)-G(x)$ 是常数. 这表明 $f(x)$ 的所有的原函数都可以表示成 $F(x)+C$ 的形式.

求原函数和求导数这两个运算互为逆运算，就像乘法和除法. 数学中互逆的一对运算，常常是一个容易一个难. 乘法容易除法难，求导数容易求原函数难. 数学研究表明，有些初等函数的原函数不再是初等函数，可以用其他方法计算其定积分. 在大学数学课程中，将学习更多求原函数和求定积分的方法和技巧，即所谓积分法.

若 $F(x)$ 是 $f(x)$ 一个原函数，$f(x)$ 的所有原函数之集 $F(x)+C$ 叫做 $f(x)$ 的不定积分，记作$\int f(x)\mathrm{d}x$，即

$$F'(x) = f(x) \Leftrightarrow \int f(x)\mathrm{d}x = F(x)+C. \qquad (15-12)$$

这里$\int$叫做积分号，$f(x)$叫做被积函数，x叫做积分变量，$f(x)\mathrm{d}x$叫做被积式，C叫做积分常数.

根据微分的定义，得到

$$\mathrm{d}\int f(x)\mathrm{d}x = \mathrm{d}(F(x)+C) = F'(x)\mathrm{d}x = f(x)\mathrm{d}x, \qquad (15-13)$$

$$\int \mathrm{d}F(x) = \int F'(x)\mathrm{d}x = \int f(x)\mathrm{d}x = F(x)+C. \qquad (15-14)$$

这里显示出两个运算符号 d 和$\int$的互逆关系.

有不少数学软件可以用来在计算机上求函数的不定积分，即求原函数. 手算不定积分可以查阅不定积分表.

根据基本初等函数求导公式，可得如下不定积分公式，这些公式构成基本积分表.

基本积分表

(1) $\int k\mathrm{d}x = kx + C(k \neq 0)$；

(2) $\int x^k \mathrm{d}x = \dfrac{x^{k+1}}{k+1} + C(k \neq 0)$；

(3) $\int \dfrac{\mathrm{d}x}{x} = \ln|x| + C$；

(4) $\int \mathrm{e}^x \mathrm{d}x = \mathrm{e}^x + C$；

(5) $\int a^x \mathrm{d}x = \dfrac{a^x}{\ln a} + C(a > 0, a \neq 1)$；

(6) $\int \cos x \mathrm{d}x = \sin x + C$；

(7) $\int \sin x \mathrm{d}x = -\cos x + C$；

(8) $\int \dfrac{\mathrm{d}x}{\cos^2 x} = \tan x + C$；

(9) $\int \frac{\mathrm{d}x}{\sin^2 x} = -\cot x + C$;

(10) $\int \frac{\mathrm{d}x}{\sqrt{1-x^2}} = \arcsin x + C$;

(11) $\int \frac{\mathrm{d}x}{1+x^2} = \arctan x + C$;

(12) $\int \frac{\sin x}{\cos^2 x}\mathrm{d}x = \frac{1}{\cos x} + C$;

(13) $\int \frac{\cos x}{\sin^2 x}\mathrm{d}x = -\frac{1}{\sin x} + C$.

直接应用基本积分表，可以求出一些函数的不定积分. 在因特网上容易找到免费下载的常用积分表. 在计算机上用数学软件求函数的原函数也很容易，但是也有很多函数的原函数不能用初等函数表示.

例题 15－5 应用基本积分表求下列不定积分

(i) $\int \sqrt{x\sqrt{x}}\,\mathrm{d}x$；(ii) $\int 2^x \mathrm{e}^x \mathrm{d}x$.

解 (i) $\int \sqrt{x\sqrt{x}}\,\mathrm{d}x = \int x^{\frac{3}{4}}\mathrm{d}x = \frac{1}{1+\frac{3}{4}}x^{1+\frac{3}{4}} + C = \frac{4}{7}x^{\frac{7}{4}} + C$;

(ii) $\int 2^x \mathrm{e}^x \mathrm{d}x = \int (2\mathrm{e})^x \mathrm{d}x = \frac{(2\mathrm{e})^x}{\ln 2\mathrm{e}} + C = \frac{2^x \mathrm{e}^x}{1+\ln 2} + C$.

习题 15－1 求证区间 I 上的一次函数 $f(x) = k \cdot x + c$ 有唯一的积分系统 $S(u,v)$，并计算 $S(u,v) = \int_u^v (k \cdot x + c)\mathrm{d}x$.

习题 15－2 设 $\mathrm{floor}(x) = [x]$（$[x]$ 表示 x 的整数部分，即不超过 x 的最大整数，例如 $[3.42] = 3$，$[5] = 5$，$[-2.7] = -3$），试证在任意区间 I 上，$\mathrm{floor}(x) = [x]$ 有唯一积分系统 $S(u,v)$，并计算 $S(u,v) = \int_u^v \mathrm{floor}(x)\mathrm{d}x$.

习题 15－3 如图 15－7，抛物线 $2y = x^2$ 和 $y^2 = 2x$ 交于 P 和 Q 两点，求两段以 P 和 Q 为端点的曲线围成的区域的面积（图上阴影部分）.

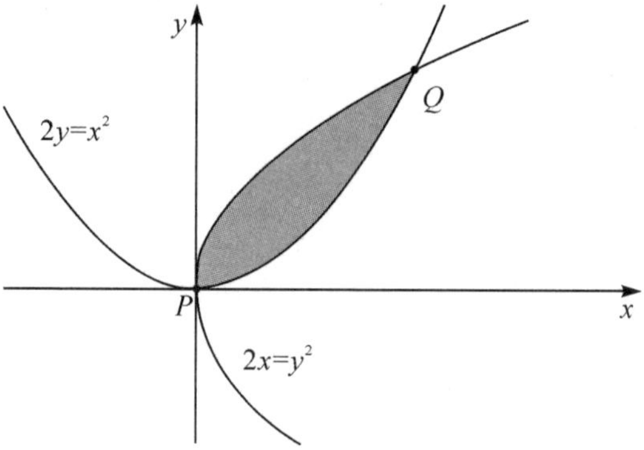

图 15－7　两条抛物线相交形成的区域

习题 15－4　求函数 $y=2^x$ 的曲线在区间$[-1,1]$上形成的曲边梯形的代数面积.

习题 15－5　应用基本积分表求下列不定积分

(i)$\int x\sqrt{x\sqrt{x}}\,\mathrm{d}x$;(ii)$\int 3^x\mathrm{e}^{2x}\,\mathrm{d}x$;(iii)$\int(\tan x)^2\,\mathrm{d}x$.

第 16 讲

黎曼和表牛顿 — 莱布尼兹公式

上面定义了函数在区间上的积分系统和定积分，自然地把积分和甲乙函数的概念联系起来，使微分和积分获得了统一的数学模型，轻松导出微积分基本定理.

历史上对微分和积分关系的认识，却经历了漫长的艰难过程，

积分的原始思想来自安蒂丰(Antiphon，约公元前 480－前 410) 提出的计算圆面积的穷竭法. 之后，不少杰出的科学家曾使用类似的思想计算面积、体积、长度和其他的物理量. 其中有中国的刘徽、祖冲之、祖暅，希腊的帕普斯，荷兰的斯蒂文，意大利的伽利略，德国的开普勒，瑞士的古尔丁等. 直到 1635 年，意大利数学家卡瓦列利的名著《用新方法促成的连续不可分量几何学》中，系统地提出计算面积等几何量的方法(卡瓦列利，Cavalieri，Francesco Bonaventura，1598—1647). 在此基础上，经过费马、罗伯瓦、托里拆利、沃利斯、帕斯卡、惠更斯、莱布尼兹集其大成的工作，才发现微积分之间的互逆关系. 而真正严谨的定积分概念，即现在教科书讲的定积分概念，是 1854 年才由黎曼提出并详细论述的(黎曼，G. Riemann，1826—1866). 这个概念的形成，经历了长达两千年的时光，渗透着数十位卓越的数学家的心血.

下面是黎曼给出的定积分概念.

定义 11 （黎曼积分）设 $f(x)$ 在 $[a,b]$ 上有定义，在区间 $[a,b]$ 内任意插入 $n-1$ 个分点

$$a=x_0<x_1<x_2<\cdots<x_{n-1}<x_n=b, \tag{16-1}$$

记小区间 $\Delta_k=[x_{k-1},x_k]$，$k=1,2,\cdots,n$，其长度为 $\Delta x_k=x_k-x_{k-1}$. 在各个小区间上取点 $\xi_k\in[x_{k-1},x_k]$ 并作和式

$$\sum_{k=1}^{n}f(\xi_k)\Delta x_k. \tag{16-2}$$

此和称为 $f(x)$ 在 $[a,b]$ 上（对应于分法 $T=\{\Delta_k\}$ 和样本点 $\{\xi_k\}$ 的黎曼和，也称积分和.

对应于分法 $T=\{\Delta_k\}$ 和样本点 $\{\xi_k\}$，可以构造一个在 $(x_{k-1},x_k]$ 上取常数值 ξ_k 的函数，叫做对应于 $(T,\{\xi_k\})$ 的阶梯函数. 对应的黎曼和，就是这个阶梯函数在 $[a,b]$ 上的曲边梯形的面积.

记 $\lambda(T)=\max\limits_{1\leqslant k\leqslant n}\{\Delta x_k\}$，如果不论对 $[a,b]$ 上怎样的分法 T，也不论 ξ_k 在 $[x_{k-1},x_k]$ 上怎样的取法，只要当 $\lambda(T)\to 0$ 时上述黎曼和存在确定的极限 J，则称 $f(x)$ 在 $[a,b]$ 上黎曼可积（在不至于混淆时简称可积），极限值

$$J=\lim_{\lambda(T)\to 0}\sum_{k=1}^{n}f(\xi_k)\Delta x_k. \tag{16-3}$$

称为 $f(x)$ 在 $[a,b]$ 上的黎曼积分（或不至于混淆时也称定积分），记为

$$(R)\int_a^b f(x)\mathrm{d}x, \tag{16-4}$$

其中，f 称为被积函数，x 称为积分变量，$f(x)\mathrm{d}x$ 称为被积表达式，$[a,b]$ 称为积分区间，a、b 分别称为这个定积分的下限和上限，在不至于混淆的情形下，积分记号前面的(R) 可以略去.

现在可以说明古怪的积分记号的来源了. 原来它是由和式(16－2) 即 $\sum\limits_{k=1}^{n}f(\xi_k)\Delta x_k$ 转化而来. 经过取极限，用拉长的 S 即 $\int$ 取代 $\sum$，用 $f(x)$ 取代 $f(\xi_k)$，用 $\mathrm{d}x$ 取代 Δx_k，$\sum\limits_{k=1}^{n}f(\xi_k)\Delta x_k$ 变成了 $\int_a^b f(x)\mathrm{d}x$.

看来,基于黎曼和并依赖极限概念的定积分的定义比起本书中第 15 讲里的定义复杂得多,依赖极限概念的导数定义比起本书中强导数的定义来也复杂一点. 把依赖于极限的导数和定积分的两个定义联系起来推导微积分基本定理,过程也要艰难得多. 这是目前高中数学里不讲极限的主要原因,也是大学里多数理工科专业讲微积分不求甚解的主要原因.

图 16－1 中画出了$[a,b]$上的一个函数 $f(x)$ 的曲线,区间$[a,b]$的一个分法 T,一组样本点,图中各小矩形的面积就是对应的黎曼和中的各项,这些矩形面积的总和就是对应于此分法和样本点的黎曼和. 直观看来,若分点足够密集,则不论如何取样本点,黎曼和都将非常接近这个曲边梯形的面积.

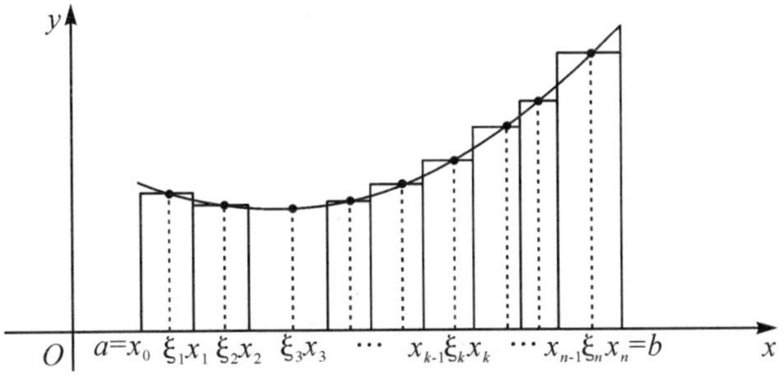

图 16－1　黎曼积分和示意

由图可见,用黎曼和的极限来引入定积分概念,虽然说起来比较繁琐,其实也很直观,

那么,在第 15 讲里用积分系统的唯一性定义的积分,它和黎曼积分的概念有什么关系呢?两者是不是一致呢?

可以证明,两者是一致的.

命题 16.1　设函数 $f(x)$ 在$[a,b]$上有界,则 $f(x)$ 在$[a,b]$上黎曼可积的充分必要条件是它在$[a,b]$上有唯一的积分系统 $S(u,v)$;且此时有

$$R(u,v)=\int_u^v f(x)\mathrm{d}x=(R)\int_u^v f(x)\mathrm{d}x. \qquad (16-5)$$

命题 16.1 的证明涉及极限概念和实数理论,此处从略. 有兴趣的读者可参看作者《直来直去的微积分》书中 17 章的定理 17.8.

有了命题16.1，今后就不再区别定积分和黎曼积分，在黎曼积分前面也不必标记(R)了.

在第15讲里引进的定积分和黎曼积分，字面上好像大相径庭，其实质是相通的.

设 $F(x)$ 在$[a,b]$上强可导，$F'(x)=f(x)$. 在区间$[a,b]$内任意插入 $n-1$ 个分点

$$a=x_0<x_1<x_2<\cdots<x_{n-1}<x_n=b,$$

于是有

$$F(b)-F(a)=\sum_{k=1}^{n}(F(x_k))-F(x_{k-1})). \tag{16-6}$$

记小区间 $\Delta_k=[x_{k-1},x_k]$，其长度为 $\Delta x_k=x_k-x_{k-1}$. 根据命题6.1，对于任意的 $\xi_k\in[x_{k-1},x_k]$ 有

$$|F(x_k)-F(x_{k-1})-f(\xi_k)\Delta x_k|\leqslant M(\Delta x_k)^2. \tag{16-7}$$

此式可以写成 $F(x_k)-F(x_{k-1})-f(\xi_k)\Delta x_k=\alpha_k$，从而有

$$F(x_k)-F(x_{k-1})=f(\xi_k)\Delta x_k+\alpha_k,$$

$$|\alpha_k|\leqslant M(\Delta x_k)^2; \tag{16-8}$$

将式(16－8)对 $k=1,2,\cdots,n$ 求和得到

$$F(b)-F(a)=\sum_{k=1}^{n}f(\xi_k)\Delta x_k+\sum_{k=1}^{n}\alpha_k. \tag{16-9}$$

比较式(16－9)与式(16－6)可以发现，和式 $\sum\limits_{k=1}^{n}\alpha_k$ 其实就是用诸 $f(\xi_k)\Delta x_k$ 近似地代替诸 $F(x_k)-F(x_{k-1})$ 所产生的总误差. 如果诸 Δx_k 中最大者为 δ，则有

$$\left|\sum_{k=1}^{n}\alpha_k\right|\leqslant\sum_{k=1}^{n}M(\Delta x_k)^2\leqslant M\delta\sum_{k=1}^{n}\Delta x_k=M\delta(b-a), \tag{16-10}$$

从而当区间分割越来越细时，也就是 δ 趋向于0时，式(16－9)右端第二个和式趋向于0，而第一个和式恰好就是黎曼和，其极限正是 $f(x)$ 在$[a,b]$上的定积分，所以式(16－9)取极限得到

$$F(b)-F(a)=\int_a^b f(x)\mathrm{d}x, \tag{16-11}$$

这就从黎曼和的途径得到了牛顿—莱布尼兹公式(微积分基本定理).

从式(16－6)到式(16－11),这个推导过程并不依赖图16－1.图16－1把$f(x)$曲线形成的曲边梯形的面积分割作为几何模型,是黎曼提出来的.林群直接考虑$F(x)$的曲线,提出了一个更简单的几何模型(见光明日报1997－6－27,人民日报1997－08—06或《微积分快餐》8、19、39页,或《微积分减肥快跑》),如图16－2.图中的曲线是$F(x)$在$[a,b]$上的图像,两条相邻竖虚线的距离是Δx_k,两条相邻横虚线的距离是$F(x_k)-F(x_{k-1})$,这里的诸ξ_k取在小区间的左端(此处$k=1,2,3,4,5$),$x_0=a$,$x_5=b$.斜的直线段是ξ_k处的切线,而标有双箭头的线段的长度为$f(\xi_k)\Delta x_k$.对照图16－2再看从式(16－6)到式(16－11)的推导过程,感到微积分基本定理竟如此简单.

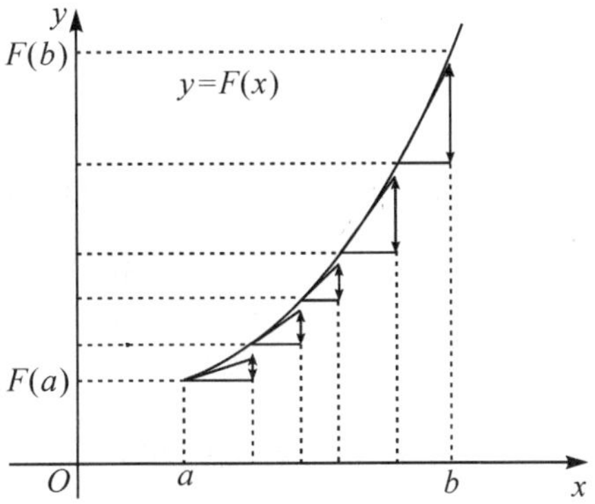

图16－2　微积分基本定理的林群模型

在命题15.3中,假定了$f(x)$是某个函数$F(x)$的导数,亦即假定了它有原函数,才推出了$f(x)$的积分系统的唯一性,

如果不假定$f(x)$有原函数,如何判断它对应的积分系统是否唯一呢?

下面的命题初步回答了这个问题.

命题16.2　(差商有界函数积分系统唯一性)设$f(x)$在区间I上差商有界,$S(u,v)$和$R(u,v)$都是$f(x)$在I上的积分系统,则恒有$S(u,v)=R(u,v)$.

命题16.3　(单调函数积分系统唯一性)设$f(x)$在区间I上单调,$S(u,v)$和$R(u,v)$都是$f(x)$在I上的积分系统,则恒有$S(u,v)=R(u,v)$.

如果 $f(x)$ 的定义区间可以分成有限个闭区间，使得 $f(x)$ 在每个闭区间上差商有界或单调，称它为逐段差商有界或单调函数. 下面的定理扩大了上述结论使用的范围.

命题 16.4 若 $f(x)$ 和 $g(x)$ 在 I 上都是逐段连续或单调的函数，则函数 $y=f(x)+g(x)$ 在 I 上的任意两个积分系统都相同.

关于这些命题的证明，有兴趣的读者可参看作者《直来直去的微积分》第 6 章最后一节.

本讲所介绍的黎曼和，不仅用于积分的理论探索，也可以用来计算或估计函数的定积分.

对于不超过 3 次的多项式的定积分，有一个非常简单的公式.

命题 16.5 (114 公式) 设 $f(x)=ax^3+bx^2+cx+d$，则在任意区间 $[a,b]$ 上有

$$\int_a^b (x)\mathrm{d}x=\frac{(b-a)}{6}\cdot\left(f(a)+f(b)+4f\left(\frac{a+b}{2}\right)\right). \qquad (16-12)$$

证明 只要分别对函数 $y=x^3$、$y=x^2$、$y=x$ 和 $y=1$ 来验证这个公式即可. 验证过程如下

$$\begin{aligned}\int_a^b x^3\mathrm{d}x&=\frac{b^4-a^4}{4}=\frac{b-a}{4}(a^3+b^3+a^2b+ab^2)\\&=\frac{b-a}{12}(2a^3+2b^3+a^3+3a^2b+3ab^2+b^3)\\&=\frac{b-a}{12}(2a^3+2b^3+(a+b)^3)\\&=\frac{b-a}{6}\left(a^3+b^3+4\left(\frac{a+b}{2}\right)^3\right);\end{aligned}$$

$$\begin{aligned}\int_a^b x^2\mathrm{d}x&=\frac{b^3-a^3}{3}=\frac{b-a}{3}(a^2+b^2+ab)\\&=\frac{b-a}{6}(a^2+b^2+a^2+2ab+b^2)\\&=\frac{b-a}{6}(a^2+b^2+(a+b)^2)\end{aligned}$$

$$= \frac{b-a}{6}\left(a^2+b^2+4\left(\frac{a+b}{2}\right)^2\right);$$

$$\int_a^b x\,\mathrm{d}x = \frac{b^2-a^2}{2} = \frac{b-a}{2}(a+b) = \frac{b-a}{6}\left(a+b+4\left(\frac{a+b}{2}\right)\right);$$

$$\int_a^b \mathrm{d}x = b-a = \frac{b-a}{6}(1+1+4).$$

这就证明了所要的(16－12).

这个公式以后简称114公式,在几何中常用于体积计算,下一讲还会谈到,用114公式计算其他函数的定积分,得到的不是准确值而是近似值.

例题16－1 分别用黎曼和的方法和114公式计算区间[0,1]上曲线 $y=x^2$ 之下的区域的面积(图16－3).

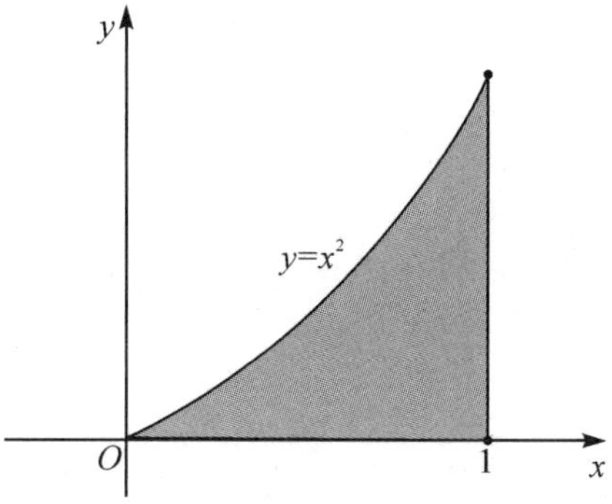

图16－3 [0,1]上曲线 $y=x^2$ 下的面积

解 (i)黎曼和方法:将区间[0,1]等分为 n 段,分点为

$$x_k=\frac{k}{n},k=0,1,2,\cdots,n. \qquad (16-13)$$

由函数 $y=x^2$ 在[0,1]上的递增性,可知

$$\left(\frac{k-1}{n}\right)^2\cdot\frac{1}{n}=(x_{k-1})^2(x_k-x_{k-1})$$

$$<\int_{x_{k-1}}^{x_i} x^2\,\mathrm{d}x<(x_k)^2(x_k-x_{k-1})$$

$$=\left(\frac{k}{n}\right)^2\cdot\frac{1}{n}\quad k=1,2,\cdots,n. \qquad (16-14)$$

将上式对 $k=1,2,\cdots,n$ 相加得

$$\frac{\sum_{k=1}^{n-1}k^2}{n^3}<\int_0^1 x^2\mathrm{d}x<\frac{\sum_{k=1}^{n}k^2}{n^3}. \tag{16-15}$$

利用不等式 $\frac{k^3-(k-1)^3}{3}<k^2<\frac{(k+1)^3-k^3}{3}$ 代入上式得

$$\frac{(n-1)^3}{3n^2}=\frac{\sum_{k=1}^{n-1}(k^3-(k-1)^3)}{3n^3}<\int_0^1 x^2\mathrm{d}x$$

$$<\frac{\sum_{k=1}^{n}((k+1)^3-k^3)}{3n^3}=\frac{(n+1)^3-1}{3n^3}, \tag{16-16}$$

即
$$-\frac{1}{n}<\frac{(n-1)^3}{3n^3}-\frac{1}{3}<\int_0^1 x^2\mathrm{d}x-\frac{1}{3}$$

$$<\frac{(n+1)^3-1}{3n^3}-\frac{1}{3}=\frac{1}{n}+\frac{1}{n^2}. \tag{16-17}$$

因为 n 可以任意大，故 $\int_0^1 x^2\mathrm{d}x-\frac{1}{3}=0$，即所求面积为 $\int_0^1 x^2\mathrm{d}x=\frac{1}{3}$.

(ii)114 方法：

$$\int_0^1 x^2\mathrm{d}x=\frac{(1-0)}{6}\cdot\left(0^2+1^2+4\left(\frac{0+1}{2}\right)^2\right)=\frac{1}{3}. \tag{16-18}$$

例题 16－2 用 114 方法计算区间 $\left[0,\frac{\pi}{2}\right]$ 上曲线 $y=\sin x$ 之下的区域的面积（图 16－4）.

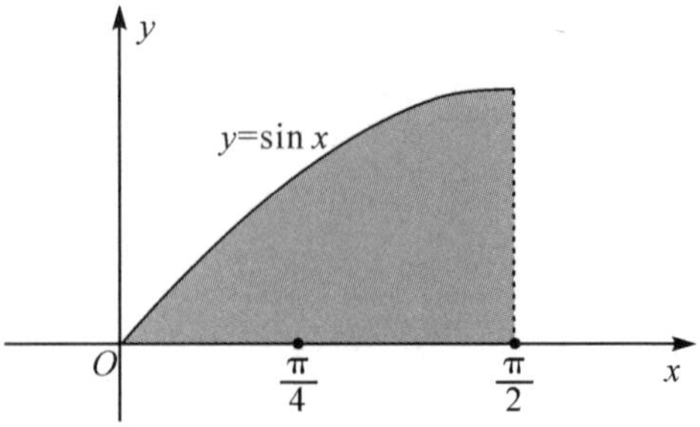

16－4 $\left[0,\frac{\pi}{2}\right]$ **上曲线** $y=\sin x$ **下的区域**

解　使用 114 公式得

$$\int_0^{\frac{\pi}{2}}\sin x\mathrm{d}x\approx\frac{\pi}{12}\left(0+\sin\frac{\pi}{2}+4\cdot\sin\frac{\pi}{4}\right)\approx1.0023. \tag{16-19}$$

如果把积分区间$\left[0,\frac{\pi}{2}\right]$分成两段计算，则有

$$\int_0^{\frac{\pi}{2}}\sin x\mathrm{d}x\approx\frac{\pi}{24}\left(0+\sin\frac{\pi}{2}+2\cdot\sin\frac{\pi}{4}+4\cdot\sin\frac{\pi}{8}+4\cdot\sin\frac{3\pi}{8}\right)$$
$$\approx1.00013. \tag{16-20}$$

由前面例题 15－4 知此面积为 1，可见所得结果相当精确.

习题 16－1　用微积分基本定理和 114 公式计算下列定积分

(i)$\int_0^2(x^3-1)\mathrm{d}x$；

(ii)$\int_0^2(x^2-5x)\mathrm{d}x$.

习题 16－2　分别用泰勒公式和 114 公式计算 $\ln2=\int_1^2\frac{\mathrm{d}x}{x}$ 的值，要求误差不超过 0.0001(可利用泰勒余项估计其误差).

第17讲

求体积算能量应用丰富多彩

牛顿—莱布尼兹公式的用处不仅是计算面积. 只要所求的量满足所积分系统的两个条件(可分性,中值性),都可以使用这个公式.

曲边梯形的面积是定积分最基本也是最简单的几何模型. 实际上,根据积分系统的定义,只要是依赖于两个参数且满足可加性条件的量 $S(u,v)$,就可以考虑用定积分概念和微积分基本定理来计算它. 为此先要确定一个使 $S(u,v)$ 满足中值性条件的函数 $f(x)$,再找到函数 $F(x)$ 使有 $F'(x)=f(x)$,就可以应用微积分基本定理求出 $S(u,v)=\int_u^v f(x)\mathrm{d}x=F(v)-F(u)$.

例题17—1 (旋转体的体积)设$[a,b]$上的函数 $y=F(x)$ 的曲线在 x 轴上方. 该曲线形成的曲边梯形绕 x 轴旋转一周形成一旋转体(图17—1),求此旋转体的体积.

解 如图,旋转体在平面 $x=u$ 和 $x=v$ 之间部分的体积 $S(u,v)$ 关于参数 u 和 v 显然满足可加性. 想象把这部分体积折合成高为 $v-u$ 的圆柱,则圆柱的半径必在$[u,v]$上的两个函数值 $F(p)$ 和 $F(q)$ 之间,即

$$\pi \cdot F^2(p)(v-u) \leqslant S(u,v) \leqslant \pi \cdot F^2(q)(v-u). \qquad (17-1)$$

于是可取 $g(x)=\pi F^2(x)$ 为被积函数,得到这部分旋转体体积表达式

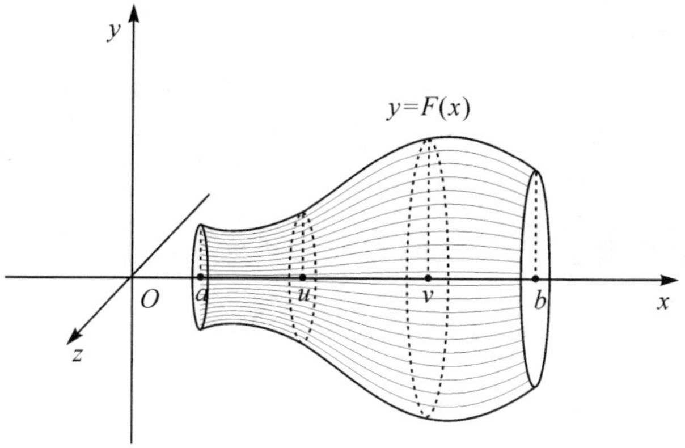

图 17－1　曲边梯形旋转一周形成的旋转体

$$S(u,v)=\int_u^v \pi F^2(x)\mathrm{d}x. \qquad (17-2)$$

考虑式(17－2)中 $F(x)=kx+c$ 的特殊情形,设 $k>0, c>0$,这时 $F(x)$ 的图像是一线段,对应的旋转体是高为 $H=v-u$ 的圆台(图 17－2 显示出线段旋转生成的圆台侧面).圆台体积 $S(u,v)$ 的定积分表达式中被积函数是 $\pi(kx+c)^2$.应用 114 公式(命题 16.5)得

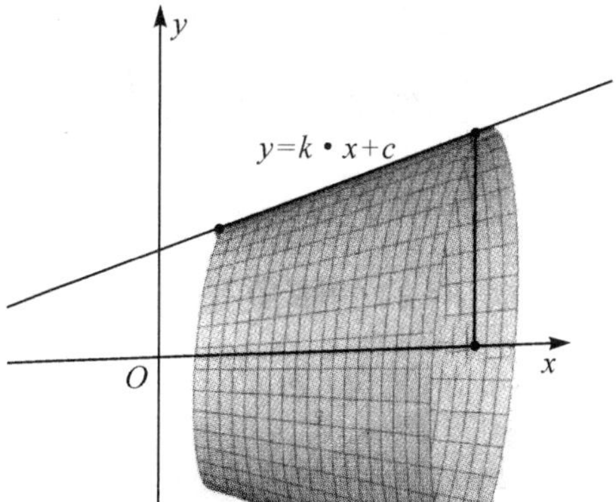

图 17－2　线段旋转成圆台侧面

$$S(u,v)=\int_u^v \pi(kx+c)^2\,\mathrm{d}x.$$

$$=\frac{\pi H}{6}\left((ku+c)^2+(kv+c)^2+4\left(\frac{ku+kv}{2}+c\right)^2\right). \qquad (17-3)$$

若记上底 $r=ku+c$，下底 $R=kv+c$，圆台体积为 $V(r,R,H)$，则得

$$V_{圆台}(r,R,H)=\frac{1}{3}\pi H(R^2+Rr+r^2), \qquad (17-4)$$

当 $r=0$ 时得到圆锥体积公式

$$V_{圆锥}(r,H)=\frac{1}{3}\pi Rh. \qquad (17-5)$$

这和中学里所学的公式相同.

如果用 S_H、S_L 和 S_M 分别记圆台的上底、下底和中截面的面积，则(17－3) 可以写成

$$V_{圆台}(r,R,H)=\frac{1}{6}\pi H(S_H+S_L+4S_M). \qquad (17-6)$$

这个公式常常被称为拟棱柱体积公式. 它不但适用于圆锥、圆台和圆柱，也适用于棱锥、棱柱和棱台. 下面指出，它还适用于球台.

在式(17－2) 中取 $F(x)=\sqrt{R^2-x^2}$，$x\in[-R,R]$. 函数 $y=F(x)$ 的图像是半径为 R 而圆心在原点的半圆. 它绕 x 轴旋转一周生成半径为 R 的球面. 如果取区间 $[0,h]$ 上的一段圆弧绕 x 轴旋转，则生成一个下底为球的大圆而高为 h 的球台的侧面，如图 17－3.

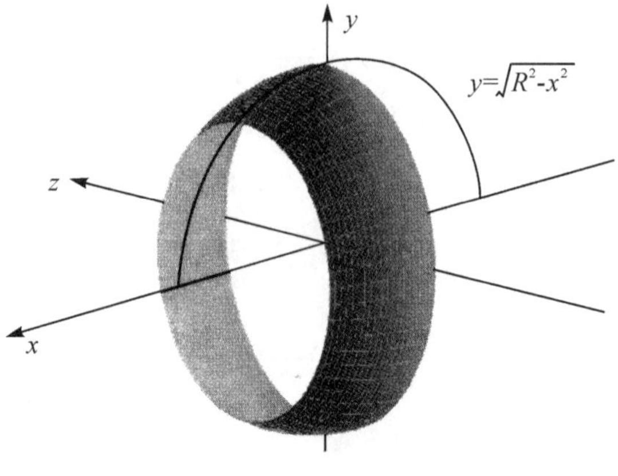

图 17－3　圆弧旋转成圆台侧面

按式(17－2),对应的球台体积 $V(R,h)$ 为

$$V(R,h) = S(0,h) = \int_0^h \pi F^2(x)\mathrm{d}x = \pi\int_0^h (R^2 - x^2)\mathrm{d}x. \quad (17-7)$$

这里被积函数是二次多项式,故可用 114 公式得球台体积公式

$$V_{球台}(R,h) = \frac{\pi h}{6}\left(F^2(0) + F^2(h) + 4F^2\left(\frac{h}{2}\right)\right) = \frac{\pi h}{3}(3R^2 - h^2). \quad (17-8)$$

上式中取 $h = R$ 得半球体积为$\frac{2\pi R^3}{3}$,从而得到我们熟知但未能严谨证明的球体积 $V(R)$ 的公式

$$V_{球}(R) = \frac{4\pi R^3}{3}. \quad (17-9)$$

为了计算球台侧面的面积,考虑两个高相等但半径分别为 $R+d$ 和 $R-d$ 的两个球台之差所形成的球带壳体的体积(图 17－4):

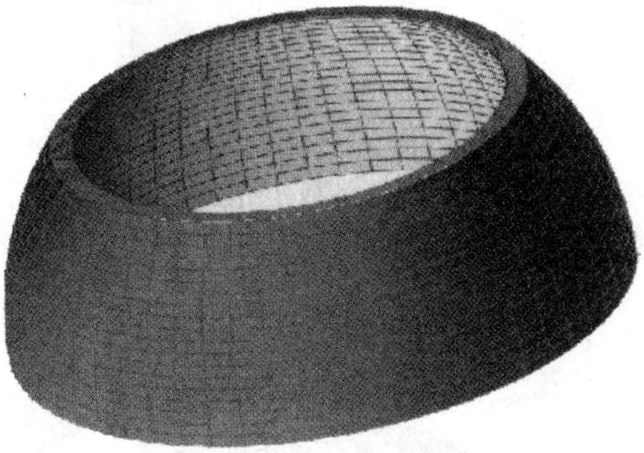

图 17－4　**球带壳体**

$$\begin{aligned} &V_{球台}(R+d,h) - V_{球台}(R-d,h) \\ &= \frac{\pi h}{3}(3(R+d)^2 - 3(R-d)^2) \\ &= 4\pi hdR, \end{aligned} \quad (17-10)$$

再除以壳体的厚度 $2d$,得到半径为 R 高为 h 的球带的侧面积公式

$$S_{球带} = 2\pi Rh. \quad (17-11)$$

当 $h = R$ 时即为半球的表面积,从而得到球的表面积公式

$$S_{球} = 4\pi R^2. \quad (17-12)$$

这些公式古希腊科学家阿基米德早已得到了.但我们的方法简单得多.值得一提的是,从式(17－12)可知,高和底面直径相等的圆柱,其侧面积等于它的内切球的表面积(图17－5),这是阿基米德自己很满意的发现.更有趣的是,从式(17－11)可知,若球的直径等于圆柱底面直径,则其球带或球冠侧面积等于等高的圆柱侧面积,如图17－6,直观上是很难使人相信的!

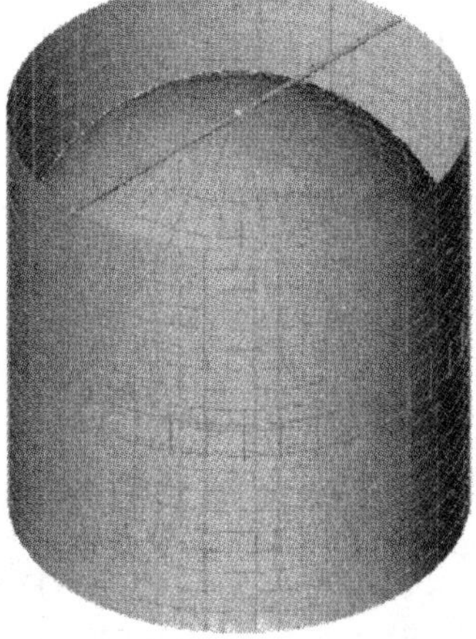

图17－5　高和底面直径相等的圆柱和它的内切球

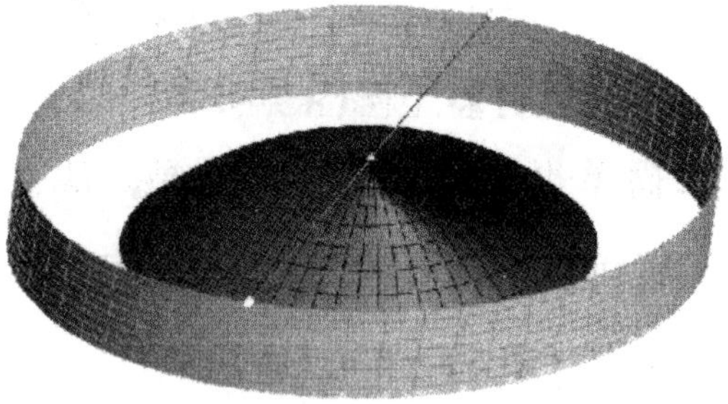

图17－6　从与圆柱直径相等的球上割下的与圆柱等高的球冠

下面的例子,是定积分在物理中的应用.

例题17－2　将质量为 m 的物体 Q 从地面垂直提升到高度 H,为克服地心引力需要做的功是多少?特别地,如将此物体发射使脱离地球引力,需要的初始速度是多大?

分析　物体 Q 与地心距离为 x 时,它所受的地心引力的大小为

$$F(x)=\frac{GmM}{x^2}. \tag{17-13}$$

这里 G 是万有引力常数，M 是地球质量. 设将物体从与地心距离为 u 提高到与地心距离为 v 时克服重力所做的功为 $w(u,v)$，$w(u,v)$ 显然满足可分性 $w(u,v)=w(u,w)+w(w,v)$；另一方面，重力随物体与地心的距离增加而减少，故有 $(v-u)F(v)<w(u,v)<(v-u)F(u)$. 再由 $F(x)$ 差商有界性可知，若记地球半径为 R，$GmM=C$，由式(17－13) 可知将物体从地面提升到高度 H 时所做的功应为

$$W(H)=\int_R^{R+H}\frac{C}{x^2}\mathrm{d}x. \tag{17-14}$$

因为 $\left(\frac{-C}{x}\right)'=\frac{C}{x^2}$，故由牛顿 — 莱布尼兹公式得

$$W(H)=\int_R^{R+H}\frac{C}{x^2}\mathrm{d}x=\frac{-C}{x}\bigg|_R^{R+H}=\frac{-C}{R+H}+\frac{C}{R}=\frac{CH}{R(R+H)}. \tag{17-15}$$

比值 $\frac{H}{R+H}$ 小于 1，故无论上升多高所需要的能量不超过 $\frac{C}{R}$；又因为当 H 很大时 $\frac{H}{R+H}$ 可以任意接近于 1，故可以认为此物体脱离地球引力所需要的能量为 $\frac{C}{R}$. 所以物体发射的初速 V 应满足

$$\frac{mV^2}{2}=\frac{C}{R}=\frac{GMm}{R}. \tag{17-16}$$

比较地面重力与万有引力公式有

$$\frac{GMm}{R^2}=mg. \tag{17-17}$$

从而有 $GM=R^2g$，这里重力加速度 $g=9.8$(米 / 秒^2)，地球半径 $R=6371$(千米) 代入式(17－16) 得

$$V=\sqrt{2Rg}\approx\sqrt{2\times6371\times9.8\times10^{-3}}\approx11.2\text{(千米 / 秒)}. \tag{17-18}$$

所以，垂直向上发射的物体，在不计空气阻力时，只要初速达到每秒 11.2 千米，即可脱离地球引力. 此即所谓第二宇宙速度.

前面讨论了曲边梯形面积的计算.更一般的情形,可以分割成几块来计算.

例题 17－3 如图 17－7,求椭圆$\frac{x^2}{a^2}+\frac{y^2}{b^2}=1(a>b>0)$的扇形 AOB(图中阴影部分)的面积,进而计算椭圆面积.

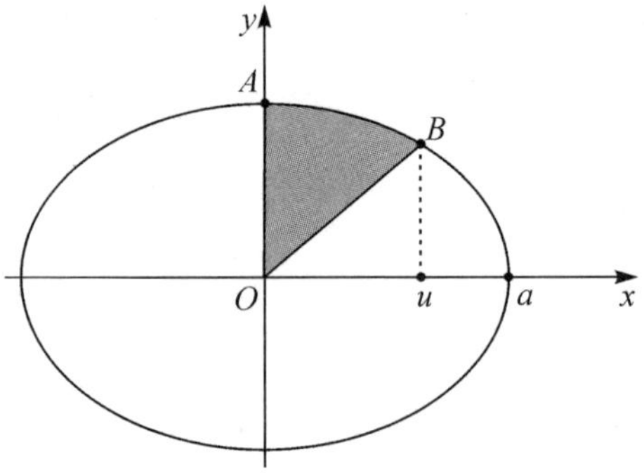

图 17－7 椭圆的扇形

解 如图,A 和 B 的横坐标分别为 0 和 $u(u>0)$,则弧 AB 可以看成函数 $f(x)=\frac{b}{a}\sqrt{a^2-x^2}$ 在$[0,u]$上的图像.于是要求的扇形的面积 $S(u)$ 等于 $f(x)$ 在$[0,u]$上的曲边梯形面积减去一个三角形的面积$\frac{uf(u)}{2}$:

$$S(u)=\int_0^u \frac{b}{a}\sqrt{a^2-x^2}\,\mathrm{d}x-\frac{uf(u)}{2}. \qquad (17-19)$$

在网上可以找到的常用积分表里有这样的公式:

$$\int\sqrt{a^2-x^2}\,\mathrm{d}x=\frac{a^2}{2}\arcsin\frac{x}{a}+\frac{1}{2}x\sqrt{a^2-x^2}+C. \qquad (17-20)$$

如果不放心,可以计算 $y=\frac{a^2}{2}\arcsin\frac{x}{a}+\frac{1}{2}x\sqrt{a^2-x^2}$ 的导数看看是不是等于 $\sqrt{a^2-x^2}$.验证无误后便用牛顿－莱布尼兹公式计算得出

$$\int_0^u \frac{b}{a}\sqrt{a^2-x^2}\,\mathrm{d}x=\frac{b}{a}\left(\frac{a^2}{2}\arcsin\frac{x}{a}+\frac{1}{2}x\sqrt{a^2-x^2}\right)\Bigg|_0^u$$

$$=\frac{ab}{2}\arcsin\frac{u}{a}+\frac{b}{2a}u\sqrt{a^2-u^2}. \qquad (17-21)$$

上式最后一项恰为$\frac{uf(u)}{2}$,于是所求扇形面积为

$$S(u)=\frac{ab}{2}\arcsin\frac{u}{a}. \tag{17-22}$$

当 $u=a$ 时扇形面积是半个椭圆的面积的一半,所以

$$\text{椭圆面积}=4S(a)=2ab\arcsin\frac{a}{a}=2ab\cdot\frac{\pi}{2}=\pi ab. \tag{17-23}$$

下面来讨论曲线长度的计算.

设函数 $f(x)$ 在区间$[a,b]$上有定义,$[u,v]\subseteq[a,b]$. 把曲线 $y=f(x)$ 在$[u,v]$上的这段长度记做 $S(u,v)$,则 $S(u,v)$ 显然具有可加性.

如果能够进一步说明 $S(u,v)$ 是$[a,b]$上的某个函数 $g(x)$ 的积分系统,就有了计算曲线长度的办法. 关键是把函数 $g(x)$ 找出来.

如果曲线 $y=f(x)$ 是一条斜率为 k 的线段,由勾股定理有 $S(u,v)=(v-u)\sqrt{1+k^2}$;也就是说,斜率的绝对值越大,线段越长(图 17－8).

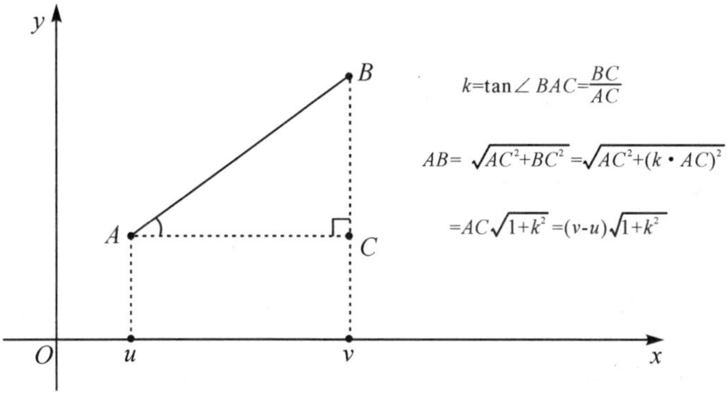

图 17－8　线段长度与斜率的关系

进一步,如果曲线 $y=f(x)$ 是一条折线,而对 $x\in[u,v]$,组成折线的线段的斜率为 $k(x)$,则必有$[u,v]$上的 p 和 q,使

$$\sqrt{1+k^2(p)}(v-u)\leqslant S(u,v)\leqslant\sqrt{1+k^2(q)}(v-u). \tag{17-24}$$

也就是说,$S(u,v)$ 应当是$[a,b]$上的函数 $g(x)=\sqrt{1+k^2(x)}$ 的积分系统. 把对折线情形的分析推广到曲线情形,并且注意到曲线 $y=f(x)$ 在 $x\in[u,v]$ 处的斜率 $k(x)=f'(x)$,便可以合理地认为,$S(u,v)$ 是$[a,b]$上的函数 $g(x)=\sqrt{1+(f'(x))^2}$ 的积分系统. 如果 $y=f(x)$ 逐段强可导,则此积分系统唯一,且有:

$$S(u,v)=\int_u^v \sqrt{1+(f'(x))^2}\,\mathrm{d}x. \qquad (17-25)$$

于是$[a,b]$上曲线 $y=f(x)$ 的弧长计算公式为

$$s=\int_a^b \sqrt{1+(f'(x))^2}\,\mathrm{d}x. \qquad (17-26)$$

例题 17－4　计算曲线 $y=x^{\frac{3}{2}}(0\leqslant x\leqslant 2)$ 的弧长(图 17－9).

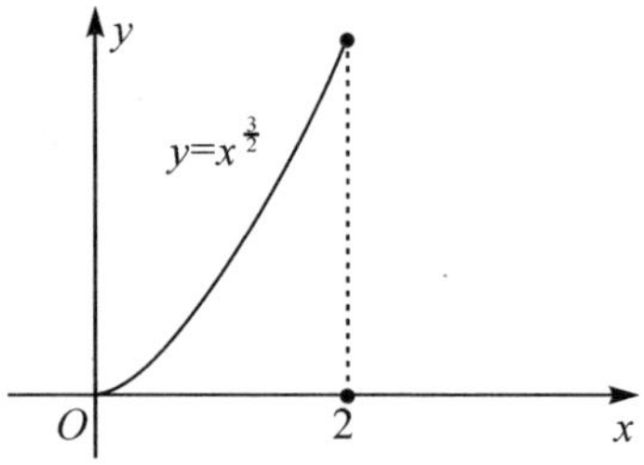

图 17－9　曲线 $y=x^{\frac{3}{2}}(0\leqslant x\leqslant 2)$

解　由于 $f'(x)=\dfrac{3\sqrt{x}}{2}$,故由弧长公式(17－26) 知

$$s=\int_0^2\sqrt{1+\frac{9x}{4}}\,\mathrm{d}x=\frac{2}{3}\cdot\frac{4}{9}\left(1+\frac{9x}{4}\right)^{\frac{3}{2}}\Bigg|_0^2$$

$$=\frac{8}{27}(5.5^{\frac{3}{2}}-1)\approx 3.53. \qquad (17-27)$$

习题 17－1　函数 $y=\sqrt{x^2+5}$ 的图像是双曲线的一支. 求它在$[-2,2]$上的部分绕 x 轴旋转一周生成的立体的体积(图 17－10).

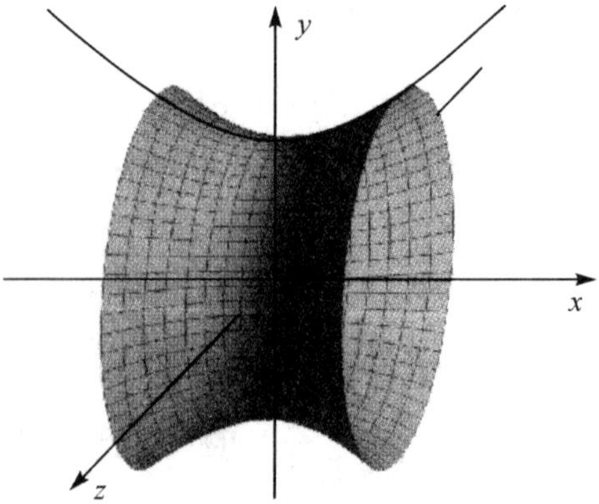

图 17－10　双曲旋转面

习题 17—2　假想从地球表面挖一条通道直达地心，一个小球从地表沿通道落下，求小球从地表到达地心所用的时间(注意在计算小球所受地心引力时，地球的质量不是常数. 这是因为当小球在地表以下 N 米时，N 米厚的地壳对小球的引力总和为 0. 这里假定地球是质量均匀的球体，半径 $R = 6371$ 千米).

习题 17—3　求悬链线 $y = \frac{1}{2}(e^x + e^{-x})$ 在 $[0,a]$ 部分的长度(图 17—11).

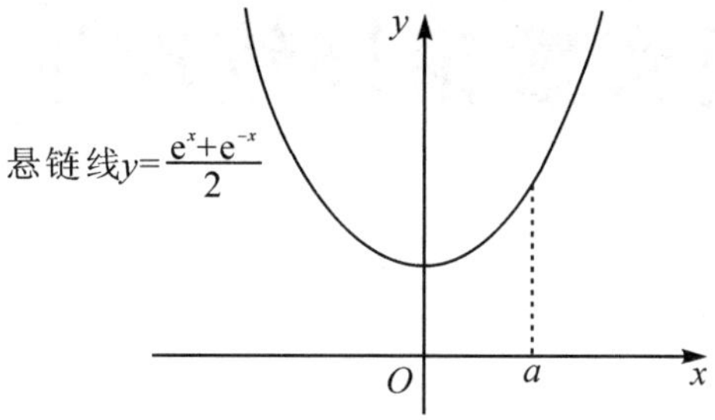

图 17—11　**悬链线**

第18讲

说实数论连续理论严谨深刻

从第2讲到第15讲，建立了微积分的基本概念和理论. 在这14讲里，没有用到极限概念，没有用到实数理论，和传统的教程很不一样.

一路走来，好像也比较严谨.

认真想想，仔细想想，有没有漏洞？有没有需要说清楚的地方？

老实说，还是有些地方应当进一步说清楚.

例如，用 $\ln x$ 的反函数定义了指数函数 e^x，然后说 e^x 的定义域是$(-\infty, +\infty)$，这有什么依据呢？根据反函数的概念，e^x 的定义域是 $\ln x$ 的值域，怎么知道 $\ln x$ 的值域是全体实数的集合呢？会不会缺少几个点？

要严谨地回答这种问题，就需要知道实数系统的性质.

很多函数的定义域是区间. 区间是由实数组成的集合. 实数系与有理数系相比，有什么新的特性呢？

根本的区别在于，实数系是连续的，有理数系不连续.

说有理数系不连续，是指有理数之间有很多的“缝隙”. 如图18—1，设数轴上的所有的有理点组成虚线 OX. 作边长为1的正方形 $OABC$，以 O 为心过点 B 作圆弧穿过OX，但圆弧不可能与虚线OX相交，因为圆的半径$\sqrt{2}$是无理数！圆弧从密密麻麻的有理数之间穿过而不碰上任何一个有理数，说明有理数系在这里有缝隙.

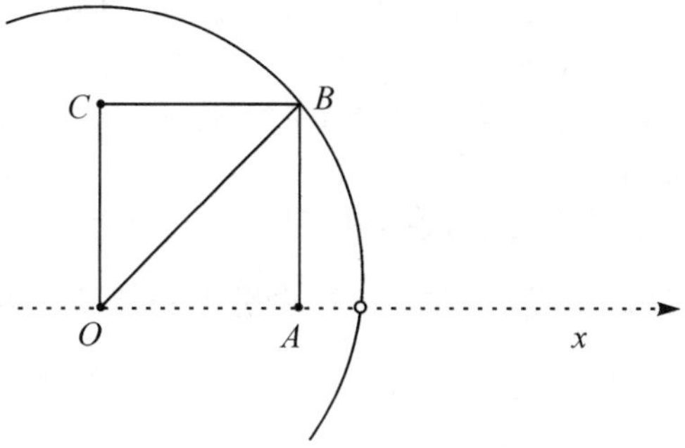

图 18－1　圆弧穿过有理数之间的缝隙

把有理数系的所有缝隙都用无理数填上，就得到了实数系，怎样用数学的语言说明所有缝隙都填上了呢？下面做一个思想实验.

设想所有的实数组成了连续的天衣无缝的数直线. 用一把无比锋利的大刀来砍这条直线. 因为无缝隙，所以就砍在某个点P上；因为直线很细，所以就在点P处砍成了两段，如图 18－2. 那么，点P在哪一段上呢？

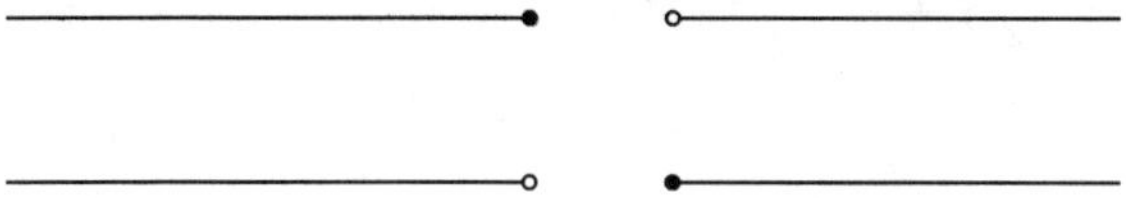

图 18－2　砍断数直线的思想实验

只能说，不在左边，就在右边；两边都有或者都没有是不可能的.

这里得到的结论，是实数系区别于有理数系的基本特征：

关于实数系连续性的戴德金公理　把全体实数分成A、B两个非空集合. 如果对任意的$x \in A$和$y \in B$总有$x < y$，则A中有最大数或B中有最小数，两者必居其一，且仅居其一.

想一想，有理数系有这样的性质吗？

从戴德金公理，可以推出一个更好用的命题：

命题 18.1　（确界定理）非空有上界的实数集合S必有最小上界，非空有下界的实数集合S必有最大下界.

证明 先证明非空有上界的实数集合 S 必有最小上界.

设 S 的所有上界组成集 B,其余的实数构成集 A,则对任意的 $x \in A$ 和 $y \in B$ 总有 $x < y$,由戴德金公理可知 A 中有最大数或 B 中有最小数.

若 $a \in A$,则 a 不是 S 的上界,从而有 $c \in S$ 使 $a < c$,于是 $a < \frac{a+c}{2} \in A$,这证明 A 中没有最大数;于是 B 中有最小数,即 S 有最小上界.

设非空实数集合 U 有下界 m,则所有 U 中元素的相反数构成的集合 V 有上界 $-m$,由已经证明的结论知 V 有最小上界 b,则 $-b$ 显然是 U 的最大下界,定理获证.

由于最小上界也叫做上确界,最大下界也叫做下确界,所以上述命题常被称为确界定理,

容易证明,确界定理等价于戴德金公理. 也就是说,可以把命题 18.1 作为实数公理来代替戴德金公理,这时戴德金公理就成为一条定理.

确界定理有什么用?换句话,实数的基本性质戴德金公理有何用?

最有说服力的案例,是下面要讲的连续函数介值定理.

在命题 5.5 中证明了差商有界函数的连续性,并且阐述了函数连续性的含意. 特别是连续函数的局部保号性:连续函数 $f(x)$ 若在一点处函数值为正,则在此点某邻域均为正;若在一点处函数值为负,则在此点某邻域均为负;更一般地,若连续函数 $f(x)$ 在 $x = u$ 处函数值 $f(u)$ 属于某开区间 Δ,则在 $x = u$ 某邻域的函数值均属于此开区间 Δ,这个性质可以看成是连续函数的定义,

从这样的连续函数定义容易推出,连续函数的和、差、积、商(分母不为 0) 仍然是连续函数,两个连续函数的复合函数仍是连续函数.

从连续函数的局部保号性,推出下面非常直观的结果.

命题 18.2 (连续函数的介值定理) 设函数 $f(x)$ 在 $[a,b]$ 上连续且 $f(a) \cdot f(b) < 0$,则有 $c \in (a,b)$ 使 $f(c) = 0$.(图 18-3).

分析 函数 $f(x)$ 在 $[a,b]$ 两端正负不同,x 从一端连续变化到另一端的过程中必有一个转变符号之点,此点外函数值应为 0. 据此有下列证明.

证明 不妨设 $f(a)<0$ 而 $f(b)>0$. 设$[a,b]$上所有使 $f(x)<0$ 的点 x 构成集合 A，则 A 非空有上界. 由确界定理，A 有最小上界 $x=c$. 于是在点 c 的任意领域 $f(x)$ 必然有正有负. 于是由连续函数保号性，$f(c)$ 既不能为正也不能为负，只可能有 $f(c)=0$，证毕.

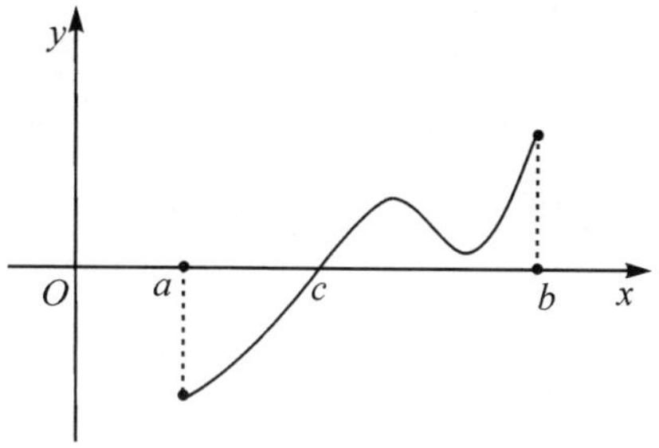

图 18－3 **介值定理示意**

推论 设函数 $F(x)$ 在$[a,b]$上连续，则 $F(x)$ 在$[a,b]$上取到 $F(a)$ 与 $F(b)$ 之间的所有实数.

证明 为确定不妨设 $F(a)<V<F(b)$，往证有 $c\in(a,b)$ 使 $f(c)=V$. 只要令 $f(x)=F(x)-V$，则 $f(x)$ 在$[a,b]$上连续且 $f(a)\cdot f(b)<0$，由介值定理有 $c\in(a,b)$ 使 $f(c)=0$，即 $F(c)=V$. 推论得证.

介值定理是用二分法求函数零点的理论根据.

现在可以回答本讲开始提出的反函数存在问题了.

命题 18.3 （反函数存在性）设函数 $F(x)$ 在$[a,b]$上连续而且严格单调，分别记 A、B 为 $F(a)$、$F(b)$ 中较小者和较大者，则有唯一的定义于$[A,B]$的函数 $G(x)$，使对任意 $x\in[A,B]$ 有 $F(G(x))=x$；且 $G(x)$ 严格单调，值域为$[a,b]$，对任意 $x\in[a,b]$ 有 $G(F(x))=x$.

证明 根据条件，当 $F(x)$ 递增时令 $G(A)=a$ 而 $G(B)=b$，当 $F(x)$ 递减时令 $G(A)=b$ 而 $G(B)=a$；对于 $x\in(A,B)$，应用介值定理及其推论可知有 $c\in(a,b)$ 使 $F(c)=x$，定义 $G(x)=c$. 这样就在$[A,B]$上定义了函数 $G(x)$. 由定义知道 $F(G(x))=F(c)=x$.

下面证明定义于$[A,B]$且满足 $F(G(x))=x$ 的函数 $G(x)$ 是唯一的. 设有$[A,

$B]$ 上的函数 $H(x)$ 也满足 $F(H(x)) = x$，则对任意的 $u \in (A,B)$ 有

$$F(G(u)) = u = F(H(u)). \tag{18-1}$$

由 $F(x)$ 严格单调得 $G(u) = H(u)$，这证明了唯一性.

函数 $F(x)$ 在 $[a,b]$ 上递增或递减分别等价于对任意 $[a,b]$ 上两点 u 和 v，$(F(u)-F(v))(u-v)$ 恒正或恒负，取 $u = G(x)$ 和 $v = G(y)$ 代入得

$$(F(u)-F(v))(u-v) = (x-y)(G(x)-G(y)). \tag{18-2}$$

这表明函数 $F(x)$ 在 $[a,b]$ 上递增或递减分别等价于 $G(x)$ 在 $[A,B]$ 上递增或递减，于是 $G(x)$ 值域显然为 $[a,b]$. 最后，在 $F(G(x)) = x$ 中取 $u = G(x)$ 得 $u = G(x) = G(F(G(x))) = G(F(u))$. 证毕.

在上述定理中的函数 $G(x)$ 叫做函数 $F(x)$ 在 $[a,b]$ 上的反函数.

从本节推理过程看到，在中学数学课程中习以为常的一些断言，要严谨地说清楚还是颇费口舌的. 同时也澄清了，要说清楚仅仅需要增加一条命题，即戴德金公理或确界定理.

从介值定理可以得出不少有用的推论，例如

区间上的不动点定理　若 $f(x)$ 在 $[a,b]$ 上连续，且当 $x \in [a,b]$ 时有 $f(x) \in [a,b]$，则有 $c \in [a,b]$ 使 $f(c) = c$.

道理很简单，从 $f(x) \in [a,b]$ 可知 $f(a) \geqslant a$ 和 $f(b) \leqslant b$. 取 $g(x) = f(x) - x$ 则有 $g(a) \geqslant 0$ 和 $g(b) \leqslant 0$. 由介值定理有 $c \in [a,b]$ 使 $g(c) = 0$ 即 $f(c) = c$.

前面讨论过函数的最值问题. 什么样的函数一定有最值呢？下面的命题基本上解决了这个问题.

命题 18.4　（闭区间上连续函数的最值定理）若 $f(x)$ 在闭区间 $[a,b]$ 上的连续函数，则 $f(x)$ 在 $[a,b]$ 上取到最大值与最小值.

证明　先证明 $f(x)$ 在 $[a,b]$ 上取到最大值.

为方便，不妨对 $x > b$ 令 $f(x) = f(b)$，即将 $f(x)$ 定义域扩展到 $[a,+\infty)$.

用反证法，设 $f(x)$ 在 $[a,b]$ 上取不到最大值.

考虑区间 $[a,c]$. 如果存在一点 u，使 $f(u)$ 大于 f 在 $[a,c]$ 所取的一切值，则称 c

是好点.

显然 a 是好点. 若不然, $f(a)$ 便成为最大值了. 又若 b 是好点, 则与好点的定义矛盾, 故好点集非空有上界, 设 y 是其最小上界.

由 $f(y)$ 不是最大值, 故有 v, 使得 $f(v)>f(y)$. 由连续函数局部保号性, 存在 $\alpha<y<\beta$ 使对区间 $[\alpha,\beta]$ 中的任意一点 x, 都有 $f(x)<f(v)$.

由于 y 是好点集的最小上界, 故存在 w 使得 $f(w)$ 大于 f 在 $[a,\alpha]$ 上的一切值. 取 $f(w)$ 与 $f(v)$ 之中较大者记为 $f(p)$, 则 $f(p)$ 大于 f 在 $[\alpha,\beta]$ 上的值, 于是 β 为好点, 这与 y 是好点集的上界矛盾. 于是 $f(x)$ 在 $[a,b]$ 上取到最大值.

因为 $-f(x)$ 在闭区间 $[a,b]$ 上也连续, 所以 $-f(x)$ 在 $[a,b]$ 上有最大值, 记为 $-f(x_0)$. 显然, $f(x)$ 在 $[a,b]$ 上取到最小值 $f(x_0)$. 证毕.

推论 1 （闭区间上连续函数有界性）若函数 $f(x)$ 在闭区间 $[a,b]$ 上连续, 则 $f(x)$ 在闭区间 $[a,b]$ 上有界.

推论 2 在闭区间 $[a,b]$ 上的正值连续函数必有正的下界.（特别地, 在闭区间 $[a,b]$ 上差商有界的正值函数必有正的下界.）

现在可以证明第 10 讲里提出的反函数求导公式了.

命题 18.5 （即命题 10.5）设 $F(x)$ 在 $[a,b]$ 上强可导且对任意 $x\in[a,b]$ 有 $F'(x)\neq 0$. 则其反函数 $G(x)$ 强可导且有

$$G'(x)=\frac{1}{F'(G(x))}. \tag{18-3}$$

证明 注意到强可导函数的导数差商有界, 所以 $F'(x)$ 在 $[a,b]$ 上连续. 于是从 $F'(x)\neq 0$ 可知 $F'(x)$ 在 $[a,b]$ 上恒正或恒负, 否则由介值定理推出 $F'(x)$ 在 $[a,b]$ 上某点为 0. 为确定, 不妨设 $F'(x)$ 在 $[a,b]$ 上恒正, 从而 $F(x)$ 在 $[a,b]$ 上单调递增且连续, 由命题 18.3 可知有在 $[F(a),F(b)]$ 上单调递增的函数 $G(x)$ 满足 $F(G(x))=x$, 即 $G(x)$ 和 $F(x)$ 互为反函数. 由命题 5.5 可知 $\dfrac{1}{F'(G(x))}$ 是 $G(x)$ 的乙函数, 于是只要证明它差商有界即可.

由命题 18.4（闭区间上连续函数的最值定理）可知 $F'(x)$ 在 $[a,b]$ 上取到最小

值 $m=F'(c)>0$，由命题 5.2 之(iii) 可知 $\frac{1}{F'(x)}$ 差商有界；又由乙函数性质有 $|F(u)-F(v)|\geqslant F'(p)|u-v|\geqslant F'(c)|u-v|=m|u-v|$，故由命题 5.4 知 $G(x)$ 差商有界，再由命题 5.3 推出 $\frac{1}{F'(G(x))}$ 差商有界. 证毕.

在第 16 讲中提到，连续函数或单调函数的积分系统如果存在必然是唯一，至于是否存在，则没有回答.

有了确界定理，可以解决这个问题了.

下面说明解决此问题的主要步骤方法，详细推导从略.

设 $f(x)$ 定义于区间 I，对任意$[u,v]\subseteq I$，设 $f(x)$ 是$[u,v]$上的有界函数. 如果$[u,v]$上的逐段线性函数 $g(x)\leqslant f(x)$，称它是 $f(x)$ 的一个下函数；如果$[u,v]$上的逐段线性函数 $g(x)\geqslant f(x)$，称它是 $f(x)$ 的一个上函数；上函数和下函数在$[u,v]$上显然都可积. 所有上函数在$[u,v]$上的定积分组成有下界的实数集，记其最大下界为 $H(u,v)$；所有下函数在$[u,v]$上的定积分组成有上界的实数集，记其最小上界为 $L(u,v)$. 显然有不等式 $L(u,v)\leqslant H(u,v)$. 可以证明(见《直来直去的微积分》定理 17.2、式 17－7 和式 17－8)，如果 $L(u,v)=H(u,v)$，取 $S(u,v)=H(u,v)=L(u,v)$，则 $S(u,v)$ 是 $f(x)$ 在区间 I 上的唯一积分系统.

具体说来，容易证明若 $f(x)$ 为逐段连续或单调的函数，总有 $L(u,v)=H(u,v)$. 所以逐段连续或单调的函数在闭区间上可积.

微积分的内容博大精深，本书所提供的仅仅是一元微积分的基本理论和方法. 我们把讨论的范围限制于导数为差商有界函数的函数类，建立了一个不依赖极限理论的严谨的一元微积分体系. 如果不做存在性的讨论(如反函数存在性，定积分存在性)，这个体系也不依赖于实数理论. 若要说清存在性问题，则只要承认“有上界的数集合必有最小上界”就够了.

把书中关于强可导函数的条件稍微放宽，就是连续可导函数类. 这里的体系和方法都可以推广到连续可导函数类，仍然不必用到极限的概念和方法.

但是，极限的概念和方法毕竟是高等数学的重要部分. 尽管不用它可以建立微积分，但涉及无穷的推理和计算仍要用到极限．例如，数列极限的计算当然离不开极限的概念；又如，无穷级数、无穷积分的定义也依赖极限概念；甚至研究函数曲线性质时涉及的渐近线也依赖极限概念．所以极限概念还是有必要学习．

但是，如果不依赖极限就严谨地掌握了微积分的基本内容，在此基础上学习极限就会更容易．对于中学生而言，基本掌握了不用极限的微积分，将来在大学里学习传统的微积分时，会理解得更深刻．

参考答案

习题解答

第 1 讲

习题 1—1 (i)解：$y'=4-4x$；

(ii)解：$y'=-\frac{3}{x^2}+\frac{1}{3}$；

(iii)解：$f'(x)=\frac{1}{\sqrt{x}}$；

(iV)解：注意到$(\sin\sqrt{x})^2+(\cos\sqrt{x})^2=1$，得 $g'(x)=3$.

图像读者可用超级画板软件来作，此处略.

习题 1—2 解：当$|h|$较小时有$\frac{\sqrt{u+h}-\sqrt{u}}{h}\approx\frac{1}{2\sqrt{u}}$；取 $u=4$ 和 $h=1$ 得$\sqrt{5}\approx 2.25$.

第 2 讲

习题 2—1 解：$g(x)=\frac{2}{\sqrt{x}}=-1$，当 $x\in(0,4]$时，$g(x)\geqslant 0$，而当 $x\in(0,4)$时 $g(x)>0$，故 $f(x)$在$(0,4]$递增；类似可知 $f(x)$在$[4,+\infty)$递减.（参看习题 2—8）

习题 2—2 (i)解：$-7+4x$；

(ii)解：$-\frac{1}{2x^2}-4$；

(iii)解：$\frac{5}{2\sqrt{x}}-3$；

(iV)解：注意 $2\cos^2 x-\cos 2x=1$，可知$\frac{1}{2\sqrt{x}}$是所给函数的乙函数.

习题 2—3 解：计算 $f(x)=\sqrt{x+1}$在两数 $u<v(-1\leqslant u)$处的差商得

$$\frac{1}{2\sqrt{v+1}}\leqslant\frac{f(v)-f(u)}{v-u}=\frac{\sqrt{v+1}-\sqrt{u+1}}{(v+1)-(u+1)}=\frac{1}{\sqrt{v+1}+\sqrt{u+1}}\leqslant\frac{1}{2\sqrt{u+1}}.$$

可见 $g(x)=\frac{1}{2\sqrt{x+1}}$是 $f(x)=\sqrt{x+1}$在$(-1,+\infty)$上的乙函数.

习题 2—4 解：当 $-1<u<v$ 时有

$$\frac{1}{(1+v)^2}\leqslant\frac{f(v)-f(u)}{v-u}=\frac{1}{(v-u)}\left(\frac{v}{1+v}-\frac{u}{1+u}\right)=\frac{1}{(1+u)(1+v)}\leqslant\frac{1}{(1+u)^2}.$$

可见 $g(x)=\frac{1}{(1+x)^2}$是 $f(x)=\frac{x}{1+x}$在$(-1,+\infty)$上的乙函数.

当 $u<v<-1$ 时有

$$\frac{1}{(1+u)^2}\leqslant\frac{f(v)-f(u)}{v-u}=\frac{1}{(v-u)}\left(\frac{v}{1+v}-\frac{u}{1+u}\right)=\frac{1}{(1+u)(1+v)}\leqslant\frac{1}{(1+v)^2}.$$

可见 $g(x)=\frac{1}{(1+x)^2}$也是 $f(x)=\frac{x}{1+x}$在$(-\infty,-1)$上的乙函数.

习题 2—5 解：在不等式(2—10)中取 $u=10$ 和 $v=\left(\frac{19}{6}\right)^2$ 得到

$$\frac{3}{19}\cdot\frac{1}{36}\leqslant\frac{19}{6}-\sqrt{10}\leqslant\frac{1}{2\sqrt{10}}\cdot\frac{1}{36}.$$

由此得到 $$0\leqslant\frac{19}{6}-\sqrt{10}-\frac{1}{228}\leqslant\frac{1}{72\sqrt{10}}-\frac{1}{228}<\frac{1}{160000},$$

如果取$\frac{19}{6}-\frac{1}{228}\approx3.16228$ 作为$\sqrt{10}$的近似值，从不等式可知此近似值是过剩近似值，且误差不会超过 0.000007.（实际上$\sqrt{10}=3.16227766\cdots$）

习题 2—6 解:对于任意两个自然数 $n<m$,有

$$a(n)<b(n)\leqslant\frac{S(m)-S(n)}{m-n}=m+n+2\leqslant a(m)<b(m);$$

这表明 $a(n)$ 和 $b(n)$ 都是 $S(n)$ 的乙函数.

习题 2—7 解:对任意 $u<v$,若 $u\cdot v\geqslant 0$ 则显然有 $\frac{A(v)-A(u)}{v-u}=\operatorname{sgn}\left(\frac{u+v}{2}\right)$,结论成立.

若 $u\cdot v<0$ 则有

$$\operatorname{sgn}(u)=-1<\frac{A(v)-A(u)}{v-u}=\frac{|v|-|u|}{|v|+|u|}<1=\operatorname{sgn}(v),$$

结论仍成立.

习题 2—8 解:(i)从 $g(x)$ 在 (u,v) 上恒为 0,易知 $f(x)$ 在 (u,v) 上为常数 c.

用反证法,若 $f(u)=d\neq c$,下面来推出矛盾.

取正数 h 使 $u+h\in(u,v)$,由乙函数性质可知有 $[u,u+h]$ 上的点 p 和 q 使得

$$g(p)\leqslant\frac{f(u+h)-f(u)}{h}\leqslant g(q).$$

由于 $g(x)$ 在 $[u,u+h]$ 上的值域为 0 或为 $g(u)$,故 $|g(q)-g(p)|\leqslant|g(u)|$,从而有

$$0<|d-c|=|f(u+h)-f(u)|\leqslant|g(q)-g(p)|\cdot h\leqslant|g(u)|\cdot h,$$

这表明 $0<|g(u)|$. 取 $h<\frac{|d-c|}{2|g(u)|}$ 推出 $2<1$,这否定了反证法假设,证明了 $f(u)=c$. 类似可证 $f(v)=c$.

(ii)从 $g(x)$ 在 (u,v) 上恒为常数 $k\neq 0$,易知 $f(x)$ 在 (u,v) 上为一次函数 $k\cdot x+C$. 用反证法,若 $(k\cdot u+C)-f(u)=A\neq 0$,下面来推出矛盾.

取正数 h 使 $u+h\in(u,v)$,由乙函数性质可知有 $[u,u+h]$ 上的点 p 和 q 使得

$$g(p)\leqslant\frac{f(u+h)-f(u)}{h}\leqslant g(q),$$

由于 $g(x)$ 在 $[u,u+h]$ 上的值域为 k 或为 $g(u)$,故 $|g(q)-g(p)|\leqslant|g(u)-$

$k|$，从而有

$$|A+k\cdot h|=|f(u+h)-f(u)|\leqslant|g(q)-g(p)|\cdot h\leqslant|g(u)-k|\cdot h,$$

这表明 $0<|A|\leqslant(|g(u)|+2|k|)h$. 取 $h<\dfrac{|A|}{2(|g(u)|+2|k|)}$ 推出 $2<1$，这否定了反证法假设，证明了 $f(u)=k\cdot u+C$. 同理可证 $f(v)=k\cdot v+C$.

(iii)从 $g(x)$ 在 (u,v) 上恒为正，易知 $f(x)$ 在 (u,v) 上递增. 用反证法，若有点 $z\in(u,v)$ 使得 $f(u)-f(z)=d>0$，下面来推出矛盾.

取正数 h 使 $u+h\in(u,z)$，由乙函数性质可知有 $[u,u+h]$ 上的点 p 和 q 使得

$$g(p)\leqslant\frac{f(u+h)-f(u)}{h}\leqslant g(q),$$

由于 $f(x)$ 在 (u,v) 上递增，故有

$$g(p)h\leqslant f(u+h)-f(u)<f(z)-f(u)=-d<0,$$

从而 $g(p)<0$，故 $p=u$. 取 $h<\dfrac{d}{|2g(u)|}$ 推出 $-0.5<-1$，这否定了反证法假设. 下略.

(iV)与前款类似，从略.

第3讲

习题 3—1 解：考虑函数 $f(x)=1+\sqrt{x}$，

取 $u=9, v=9+h, P=(u,f(u))=(9,4)$，

$Q=(v,f(v))=(9+h,1+\sqrt{9+h})$

计算差商

$$\frac{f(v)-f(u)}{v-u}=\frac{\sqrt{9+h}-3}{h}=\frac{h}{h(\sqrt{9+h}+3)}=\frac{1}{\sqrt{9+h}+3}.$$

当 v 趋向于 u 时，即 h 趋向于 0 时，上式右端趋向于 $\dfrac{1}{6}$. 因此曲线在点 $P(9,4)$ 处的切线斜率为 $\dfrac{1}{6}$，切线方程为 $x-6y+15=0$.

习题 3—2 解：函数 $y=\dfrac{x^2}{4}+x$ 的导数为 $y'=\dfrac{x}{2}+1$. 切点 (u,v) 处切线的斜率

为$\frac{3}{2}$，故有$\frac{3}{2}=\frac{u}{2}+1$，解得$u=1, v=\frac{5}{4}$.

习题 3—3 解：函数$y=\frac{x^2-2x+3}{x}$的导数为$y'=1-\frac{3}{x^2}$.

切点(3,2)处切线的斜率为$\frac{2}{3}$，

直线$x+ay+1=0$的斜率为$\frac{-1}{a}$，由垂直条件得$\frac{-1}{a}\cdot\frac{2}{3}=-1$，故$a=\frac{2}{3}$.

习题 3—4 解：函数$f(x)=9x-48\sqrt{x}+66$的导数为$f'(x)=9-\frac{24}{\sqrt{x}}$. 设切点的横坐标为$u$，则过点$R(6,0)$的切线方程应为$\frac{f(u)-0}{u-6}=f'(u)=9-\frac{24}{\sqrt{u}}$. 整理得

$$9u\sqrt{u}-48u+66\sqrt{u}=(9\sqrt{u}-24)(u-6),$$

化简后得$u-5\sqrt{u}+6=0$，解得$u_1=4$和$u_2=9$，对应切点$P=(4,6)$和$Q=(9,3)$. 计算出$\triangle PQR$的面积为 12. 如图.

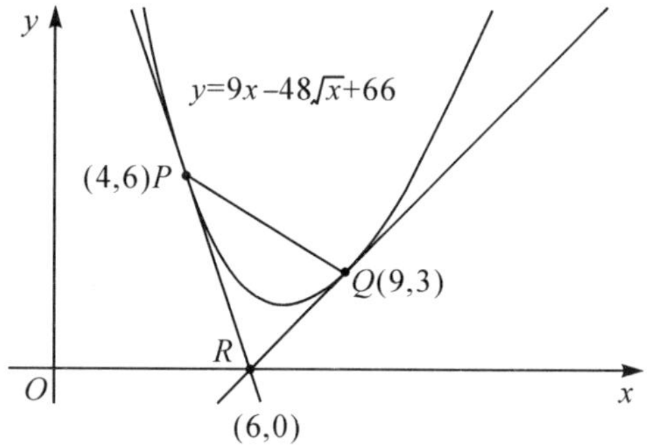

习题 3—4 的图

第 4 讲

习题 4—1 解：计算给出

$$\frac{f(u+h)-f(u)}{h}=\frac{a(3x^2h+3h^2x+h^3)+b(2xh+h^2)+ch}{h}$$

$$=(3ax^2+2bx+c)+[ah^2+(3ax+b)h+c]h.$$

当h趋于 0 时右端趋于$3ax^2+2bx+c$，它就是$f(x)=ax^3+bx^2+cx+d$的

导数.

习题 4—2 解：函数 $f(x)=x^3-12x+8$ 的乙函数是 $g(x)=3x^2-12$，而 $g(x)$ 在 $[-3,-2)$ 和 $(2,3]$ 上为正，在 $(-2,2)$ 上为负；可见 $f(x)$ 在 $[-3,-2]$ 和 $[2,3]$ 上递增，在 $[-2,2]$ 上递减；故 $f(x)$ 在 $x=-2$ 和 $x=2$ 分别取到极大 $f(-2)=24$ 和极小 $f(2)=-8$，而在区间两端有 $f(-3)=17$ 和 $f(3)=-1$，故函数 $f(x)=x^3-12x+8$ 在区间 $[-3,3]$ 上的最大值与最小值分别为 $f(-2)=24$ 和 $f(2)=-8$.

习题 4—3 解：函数 $f(x)=t\cdot x^2+2t^2\cdot x+t-1$ 的乙函数是 $g(x)=2tx+2t^2$，而 $g(x)$ 在 $(-t,+\infty)$ 上为正，在 $(-\infty,-t)$ 上为负；故 $f(x)$ 在 $x=-t$ 取到最小值 $h(t)=f(-t)=t-t^3-1$.

易知 $h(t)+t=2t-t^3-1$ 的乙函数是 $2-3t^2$，它在 $(0,2)$ 上递减，在 $\left(0,\sqrt{\frac{2}{3}}\right)$ 为正而在 $\left(\sqrt{\frac{2}{3}},2\right)$ 为负，故 $h(t)+t$ 在 $t=\sqrt{\frac{2}{3}}$ 处取到 $(0,2)$ 上的最大值 $\frac{4}{3}\sqrt{\frac{2}{3}}-1$，在 $t=2$ 处取到 $[0,2]$ 上的最小值 -5，由此可得 $h(t)+t$ 在区间 $(0,2)$ 上的取值范围是 $\left(-5,\frac{4}{3}\sqrt{\frac{2}{3}}-1\right]$.

习题 4—4 解：函数 $F(x)=x-\frac{k}{x}$ 的乙函数是 $g(x)=1+\frac{k}{x^2}$，由条件知 $g(x)$ 在 $(-5,-1)$ 上非负，故 $k\geqslant-1$；从而 $g(x)=1+\frac{k}{x^2}$ 在 $[1,3]$ 上非负，故对固定的 k 得 $F(x)$ 在 $[1,3]$ 上的最大值为 $F(3)=3-\frac{k}{3}$，由 $k\geqslant-1$ 可得 $F(x)$ 在 $[1,3]$ 上的最大值为 $3-\frac{(-1)}{3}=\frac{10}{3}$.

习题 4—5 解：函数 $f(x)=\frac{1}{3}x^3+\frac{1}{2}ax^2+bx$ 的乙函数是 $g(x)=x^2+ax+b$，由条件知 $g(x)$ 在区间 $[-1,1)$，$(1,3]$ 上各有一个零点. 从而有

$$-1\leqslant\frac{-a-\sqrt{a^2-4b}}{2}<1,1<\frac{-a+\sqrt{a^2-4b}}{2}\leqslant 3$$

两式相加减得

$$0<-a<4, 0<\sqrt{a^2-4b}\leqslant 4.$$

容易检验当 $a=-2$ 且 $b=-3$ 时 a^2-4b 取到最大值 16，而 $f(x)$ 有极值点 $x_1=-1$ 和 $x_2=3$.

习题 4—6 解：函数 $f(x)=2x^3+3ax^2+3bx+8c$ 的乙函数是 $g(x)=6x^2+6ax+3b$，由条件知 $g(1)=g(2)=0$，即 $6+6a+3b=0$ 且 $24+12a+3b=0$，解出 $a=-3$ 和 $b=4$. 显然 $g(x)$ 在 $[0,1)$ 和 $(2,3]$ 上为正，在 $(1,2)$ 上为负，故 $f(x)$ 在 $x=1$ 有极大值 $f(1)=2+3a+3b+8c=5+8c$，在 $x=2$ 有极小值 $f(2)=4+8c$，此外有 $f(0)=8c$ 和 $f(3)=54+27a+9b+8c=9+8c$，故 $f(x)$ 在 $[0,3]$ 上的最大值为 $f(3)=9+8c$，最小值为 $f(0)=8c$.

习题 4—7 解：函数 $f(x)=\dfrac{1}{x^2+ax+a}$ 的表达式在 $(-\infty,+\infty)$ 上有意义的充分必要条件是方程 $x^2+ax+a=0$ 无实根，即 $a^2<4a$，从而 $0<a<4$. 函数 x^2+ax+a 在 $\left(-\infty,-\dfrac{a}{2}\right]$ 递减，在 $x=-\dfrac{a}{2}$ 取到最小，在 $\left[-\dfrac{a}{2},+\infty\right)$ 递增，故 $f(x)=\dfrac{1}{x^2+ax+a}$ 的递减区间是 $\left[-\dfrac{a}{2},+\infty\right)$.

习题 4—8 解：设此内接圆柱体底半径为 x 而高为 h，则 $\dfrac{x}{10}=\dfrac{30-h}{30}$，故 $h=30-3x$，于是内接圆柱体的体积

$$V=V(x)=\pi x^2h=\pi x^2(30-3x)=3\pi(10x^2-x^3).$$

求出 $V(x)=3\pi(10x^2-x^3)$ 的乙函数 $3\pi(20x-3x^2)$，它有两个零点 0 和 $\dfrac{20}{3}$，显然 $V(x)$ 当 $x=\dfrac{20}{3}$ 时取到最大值 $V\left(\dfrac{20}{3}\right)=\dfrac{4000\pi}{9}$.

第 5 讲

习题 5—1 解：根据绝对值的性质，对任意 $[a,b]$ 上的 u 和 v 有

$$|f(v)-f(u)|=||v|-|u||\leqslant|v-u|,$$

可见 $f(x)=|x|$ 在 $(-\infty,+\infty)$ 上差商有界，有一个李普西兹常数 $M=1$.

习题 5—2 解：对任意 $[a,b]$ 上的 u 和 v 有

$|f(v)-f(u)|=|v^3-u^3|=|(v-u)(v^2+uv+u^2)|\leqslant 3(|a|+|b|)^2|v-u|$,

可见 $f(x)=x^3$ 在 $(-\infty,+\infty)$ 上差商有界，有 $[a,b]$ 上的李普西兹常数 $M=3(|a|+|b|)^2$.

习题 5—3 解：对任意不含 0 的 $[a,b]$ 上的 u 和 v，记 m 为 $|a|$ 和 $|b|$ 中较小者，则

$$|f(v)-f(u)|=\left|v-v+\frac{1}{v}-\frac{1}{u}\right|=\left|v-u+\frac{v-u}{uv}\right|\leqslant\left(1+\frac{1}{m^2}\right)|v-u|,$$

可见 $f(x)=x+\dfrac{1}{x}$ 在 $(-\infty,0)\cup(0,+\infty)$ 上差商有界，有 $[a,b]$ 上的李普西兹常数 $M=1+\dfrac{1}{m^2}$.

习题 5—4 解：计算给出

$$|f(v)-f(u)|=|v^{\frac{1}{3}}-u^{\frac{1}{3}}|=\left|\frac{v-u}{v^{\frac{2}{3}}+u^{\frac{1}{3}}v^{\frac{1}{3}}+u^{\frac{2}{3}}}\right|.$$

对任意的 $M>0$，在 $[0,1]$ 上取 $u=0$ 和 $v=(2M)^{-\frac{3}{2}}$，则

$$|f(v)-f(u)|=((2M)^{-\frac{3}{2}})^{\frac{2}{3}}|v-u|=2M|v-u|>M|v-u|,$$

可见 $f(x)=x^{\frac{1}{3}}(x\in(-\infty,+\infty))$ 在 $(-\infty,+\infty)$ 上非差商有界.

另一方面，在不含 0 的 $[a,b]$ 上，记 m 为 $|a|^{\frac{1}{3}}$ 和 $|b|^{\frac{1}{3}}$ 中较小者，则有

$$|f(v)-f(u)|=\left|\frac{v-u}{v^{\frac{2}{3}}+u^{\frac{1}{3}}v^{\frac{1}{3}}+u^{\frac{2}{3}}}\right|\leqslant\left|\frac{v-u}{3m^2}\right|.$$

可见 $f(x)=x^{\frac{1}{3}}$ 在不含 0 的任意区间上差商有界. 对 $0<a<b$，它在 $[a,b]$ 上显然有李普西兹常数 $\dfrac{1}{3}a^{-\frac{2}{3}}$.

习题 5—5 解：对任意 $[a,b]$ 上的 u 和 v，有

$$|f(v)-f(u)|=\left|\frac{1}{1+\cos^2 v}-\frac{1}{1+\cos^2 u}\right|=\left|\frac{\cos^2 v-\cos^2 u}{(1+\cos^2 v)(1+\cos^2 u)}\right|,$$

$$\leqslant 2|\cos v-\cos u|<2|u-v|,$$

可见 $f(x)=\frac{1}{1+\cos^2 x}$ 在 $(-\infty,+\infty)$ 上差商有界. 它在任意 $[a,b]$ 上显然有李普西兹常数 $M=2$.

习题 5—6 证明:对任意 $[a,b]$ 上的 $u<v$,有

$$\begin{aligned}g(v)-g(u)&=f(v)-f(u)-(M+0.001)(v-u)\\&\leqslant|f(v)-f(u)|-(M+0.001)(v-u)\\&\leqslant M(v-u)-(M+0.001)(v-u)\\&=-0.001(v-u)<0,\end{aligned}$$

即函数 $g(x)=f(x)-(M+0.001)x$ 在 $[a,b]$ 上递减.

习题 5—7 解:计算给出

$$Q(u,v)=\frac{f(v)-f(u)}{v-u}=\frac{v^2-u^2}{v-u}=u+v.$$

显然有 $2a<Q(u,v)<2b$.

第 6 讲

习题 6—1 解:在任意不含 0 的区间 $[a,b]$ 上有

$$\begin{aligned}f(x+h)-f(x)&=(x+h)^2+\frac{1}{x+h}-x^2-\frac{1}{x}\\&=2hx+h^2+\frac{-h}{x(x+h)}\\&=2hx+h^2-\frac{h}{x^2}+\frac{h}{x^2}-\frac{h}{x(x+h)}\\&=\left(2x-\frac{1}{x^2}\right)h+h^2+\frac{h^2}{x^2(x+h)};\end{aligned}$$

于是若以 m 记 $|a|$ 和 $|b|$ 中较小者,就有

$$\left|f(x+h)-f(x)-\left(2x-\frac{1}{x^2}\right)h\right|\leqslant\left|h^2+\frac{h^2}{x^2(x+h)}\right|<\left|1+\frac{1}{m^3}\right|h^2,$$

故得 $f'(x)=2x-\frac{1}{x^2}$.

习题 6—2 解:当 $0<u<v$ 时有

$$f(v)-f(u)=v^{\frac{1}{3}}-u^{\frac{1}{3}}=\frac{v-u}{v^{\frac{2}{3}}+v^{\frac{1}{3}}u^{\frac{1}{3}}+u^{\frac{2}{3}}},$$

从而$\frac{1}{3}v^{-\frac{2}{3}}<\frac{f(v)-f(u)}{v-u}<\frac{1}{3}u^{-\frac{2}{3}}$，可见 $g(x)=\frac{1}{3}x^{-\frac{2}{3}}$是 $f(x)=x^{\frac{1}{3}}$的乙函数.

另一方面，对于任意 $0<a\leqslant u<v\leqslant b$ 总有

$$|g(v)-g(u)|=\frac{1}{3}\left|\frac{1}{v^{\frac{2}{3}}}-\frac{1}{u^{\frac{2}{3}}}\right|=\frac{1}{3}\left|\frac{u^{\frac{2}{3}}-v^{\frac{2}{3}}}{u^{\frac{2}{3}}v^{\frac{2}{3}}}\right|$$

$$=\frac{1}{3}\left|\frac{u^2-v^2}{u^{\frac{2}{3}}v^{\frac{2}{3}}(u^{\frac{4}{3}}+u^{\frac{2}{3}}v^{\frac{2}{3}}+v^{\frac{4}{3}})}\right|<\frac{2}{9}a^{-\frac{8}{3}}b|u-v|,$$

可见 $g(x)=\frac{1}{3}x^{-\frac{2}{3}}$差商有界，于是对 $x>0$ 有 $f'(x)=g(x)=\frac{1}{3}x^{-\frac{2}{3}}$.

在 $x<0$ 时推导类似.

习题 6—3 解：在任意区间$[a,b]$上有

$F(x+h)-F(x)=(x+h)^4+3(x+h)^3+3(x+h)^2+(x+h)-(x^4+3x^3+3x^2+x)$

$=(4x^3h+6x^2h^2+4xh^3+h^4)+3(3x^2h+3xh^2+h^3)+3(2xh+h^2)+h$

$=(4x^3+9x^2+6x+1)h+(6x^2+4xh+h^2+9x+3h+3)h^2$，

故有正数 $M=|a|+|b|+1$ 使得

$|F(x+h)-F(x)-(4x^3+9x^2+6x+1)h|$

$=|6x^2+4xh+h^2+9x+3h+3|h^2\leqslant 26M^2h^2$.

可见有 $F'(x)=4x^3+9x^2+6x+1$.

习题 6—4 解：在任意区间$[a,b]$上的 $u<v$ 有

$$\frac{G(v)-G(u)}{v-u}=\frac{\sqrt{1+v^2}-\sqrt{1+u^2}}{v-u}=\frac{u+v}{\sqrt{1+v^2}+\sqrt{1+u^2}},$$

而 $u<v$ 时有

$$\frac{u}{\sqrt{1+u^2}}<\frac{u+v}{\sqrt{1+v^2}+\sqrt{1+u^2}}<\frac{v}{\sqrt{1+v^2}},$$

故 $g(x)=\frac{x}{\sqrt{1+x^2}}$是 $G(x)=\sqrt{1+x^2}$的乙函数；另一方面

$$\left|\frac{u}{\sqrt{1+u^2}}-\frac{v}{\sqrt{1+v^2}}\right|\leqslant\left|\frac{u}{\sqrt{1+u^2}}-\frac{v}{\sqrt{1+u^2}}\right|+\left|\frac{v}{\sqrt{1+u^2}}-\frac{v}{\sqrt{1+v^2}}\right|$$

$$\leqslant\frac{|u-v|}{\sqrt{1+u^2}}+\frac{|v\sqrt{1+v^2}-\sqrt{1+u^2}|}{\sqrt{1+v^2}\sqrt{1+u^2}}$$

$$<|u-v|+\frac{|v(v^2-u^2)|}{2}<M|u-v|,$$

故有 $G'(x)=\frac{x}{\sqrt{1+x^2}}$.

习题 6—5 解:记 $m=-n$,对于 $u<v$,先计算出差商的一般表达式

$$\frac{f(v)-f(u)}{v-u}=\frac{\frac{1}{v^m}-\frac{1}{u^m}}{v-u}=\frac{v^m-u^m}{v-u}\cdot\frac{-1}{u^m v^m}$$

$$=\frac{-1}{u^m v^m}\sum_{k=0}^{m-1}u^k v^{m-1-k}=-\sum_{k=0}^{m-1}\frac{1}{u^{m-k}v^{1+k}},$$

当 $u\cdot v>0$ 时容易检验 $-\sum_{k=0}^{m-1}\frac{1}{u^{m-k}v^{1+k}}$ 在 $\frac{-m}{u^{m+1}}$ 和 $\frac{-m}{v^{m+1}}$ 之间,故 $g(x)=-mx^{-(m+1)}=nx^{n-1}$ 在 $(0,+\infty)$ 上和 $(-\infty,0)$ 上都是 $f(x)=x^n$ 的乙函数. 容易检验 $g(x)=nx^{n-1}$ 在不含 0 的闭区间上的差商有界性,故得 $f'(x)=g(x)=nx^{n-1}$.

习题 6—6 解:注意到 $\widehat{BC}=v-u<\tan(v-u)=CH$,则有

$$\frac{\sin v-\sin u}{v-u}=\frac{CF}{\widehat{BC}}<\frac{CF}{BC}=\cos\angle BCF=\cos\frac{u+v}{2}<\cos u,$$

$$\frac{\sin v-\sin u}{v-u}=\frac{CF}{\widehat{BC}}>\frac{CF}{CH}>\frac{CF}{CG}=\cos\angle GCF=\cos v.$$

习题 6—7 解:仿例题 6—5,在(6—29)中取 $x=45^\circ=\frac{\pi}{4}$ 和 $h=1^\circ=\frac{\pi}{180}\approx 0.017453$,得到

$$\cos 44^\circ=\sin 46^\circ\approx\sin 45^\circ+0.017453\cos 45^\circ=\frac{\sqrt{2}}{2}+0.017453\cdot\frac{\sqrt{2}}{2}\approx 0.7194,$$

误差不超过 $\left(\frac{\pi}{180}\right)^2\approx 0.0003$.

第 7 讲

习题 7—1 解：

(i) $f'(x)=100x^{99}-20x^3+9x^2-2x+1$；

(ii) $f'(x)=5x^4(x^{10}-x^5+1)+(x^5-1)(10x^9-5x^4)$

$=5x^4[x^{10}-x^5+1+(x^5-1)(2x^5-1)]$

$=5x^4(3x^{10}-4x^5+2)$；

(iii) $f'(x)=2x\sin x+x^2\cos x+2\cos x-2x\sin x-2\cos x=x^2\cos x$；

(iV) $g'(x)=[\sin^2(x^2+1)+\cos^2(x^2+1)]'=0$；

(V) $g'(x)=\dfrac{-(2x+1)(2x-3)}{(x^2+x+1)^2}+\dfrac{2}{x^2+x+1}=\dfrac{-2x^2+6x+5}{(x^2+x+1)^2}$；

(Vi) $f'(x)=\dfrac{1}{2\sqrt{x}(x+\cos x)}+\dfrac{(\sin x-1)\sqrt{x}}{(x+\cos x)^2}$.

习题 7—2 解：$(f(x)g(x)h(x))'=f'(x)(g(x)h(x))+f(x)(g(x)h(x))'$

$=f'(x)g(x)h(x)+f(x)(g'(x)h(x)+g(x)h'(x))$

$=f'(x)g(x)h(x)+f(x)g'(x)h(x)+f(x)g(x)h'(x)$.

习题 7—3 解：将 $\cot x\tan x=1$ 两端求导得 $(\cot x)'\cdot\tan x+\cot x\cdot(\tan x)'=0$，

即 $(\cot x)'\cdot\tan x+\cot x\cdot\dfrac{1}{\cos^2 x}=0$，

解出 $(\cot x)'=-\dfrac{\cot x}{\tan x}\cdot\dfrac{1}{\cos^2 x}=-\dfrac{1}{\sin^2 x}$.

习题 7—4 解：(i) $2\cos 2x=2\cos^2 x-2\sin^2 x$；

(ii) $\dfrac{1}{\cos^2(x+a)}=\dfrac{1}{\cos^2 x(1-\tan x\cdot\tan a)}+\dfrac{\tan a(\tan x+\tan a)}{\cos^2 x(1-\tan x\cdot\tan a)^2}$

$=\dfrac{1+\tan^2 a}{\cos^2 x(1-\tan x\cdot\tan a)^2}$

$=\dfrac{1}{\cos^2 x\cdot\cos^2 a(1-\tan x\cdot\tan a)^2}$

$$=\frac{1}{(\cos x\cdot\cos a-\sin x\cdot\sin a)^2}.$$

第8讲

习题8—1 解:(i) $((x^2-3x+7)^{33})'=33(2x-3)(x^2-3x+7)^{32}$;

(ii) $(\sqrt{1+x^2+x^4})'=\frac{x+2x^3}{\sqrt{1+x^2+x^4}}$;

(iii) $(\sin(3+\sqrt{1+x^4}))'=\frac{2x^3\cos(3+\sqrt{1+x^4})}{\sqrt{1+x^4}}$;

(iV) $\left(\cos\left(1-\frac{1}{1+x^2}\right)\right)'=\frac{2x\sin\left(1-\frac{1}{1+x^2}\right)}{(1+x^2)^2}$;

(V) $\left(\sqrt{1+\sqrt{1+\sqrt{1+\cos x}}}\right)'$

$$=\frac{-\sin x}{8\sqrt{1+\cos x}\sqrt{1+\sqrt{1+\cos x}}\sqrt{1+\sqrt{1+\sqrt{1+\cos x}}}};$$

(Vi) $\left(\frac{1-\sqrt{1+x^4}}{1+\sqrt{1+x^4}}\right)'=\left(\frac{2-(1+\sqrt{1+x^4})}{1+\sqrt{1+x^4}}\right)'=\left(\frac{2}{1+\sqrt{1+x^4}}-1\right)'$

$$=\frac{-4x^3}{\sqrt{1+x^4}(1+\sqrt{1+x^4})^2}.$$

习题8—2 解:$(H(G(F(\varphi(x)))))'=H'(G(F(\varphi(x))))G'(F(\varphi(x)))F'(\varphi(x))\varphi'(x)$.

习题8—3 解:(i)对 $x^2-xy-4y^2+y=7$ 求微分得

$$2x\mathrm{d}x-x\mathrm{d}y-y\mathrm{d}x-8y\mathrm{d}y+\mathrm{d}y=0,$$

于是 $(2x-y)\mathrm{d}x+(1-x-8y)\mathrm{d}y=0$,在点 $(3,-1)$ 处有 $7\mathrm{d}x+6\mathrm{d}y=0$,故此切线斜率为 $-\frac{7}{6}$.

(ii)对 $x^3+xy-y^3-2x^2=1$ 两端微分得

$$3x^2\mathrm{d}x+x\mathrm{d}y+y\mathrm{d}x-3y^2\mathrm{d}y-4x\mathrm{d}x=0,$$

整理得 $$(3x^2+y-4x)\mathrm{d}x+(x-3y^2)\mathrm{d}y=0,$$

于是曲线在点 A 处的切线斜率

$$k=\frac{\mathrm{d}y}{\mathrm{d}x}=\frac{3u^2-4u+v}{3v^2-u}.$$

第 9 讲

习题 9—1 证明:(i)根据自然对数基本性质,对任意 $0<u<v$ 有不等式

$$\frac{1}{v}<\frac{\ln v-\ln u}{v-u}<\frac{1}{u}.$$

取 $v=n+1,u=n$ 即得所要的不等式;

(ii)由(i)得 $\frac{1}{k+1}<\ln(k+1)-\ln k<\frac{1}{k}$,对 $k=1,2,\cdots,n$ 求和,即得所要的不等式;

(iii)由(ii)得 $\sum\limits_{k=2}^{n}\frac{1}{k}<\ln n<\sum\limits_{k=1}^{n-1}\frac{1}{k}$,

同减去 $\sum\limits_{k=2}^{n}\frac{1}{k}$,得

$$0<\ln n-\left(\frac{1}{2}+\frac{1}{3}+\frac{1}{4}+\cdots+\frac{1}{n}\right)<1-\frac{1}{n}=\frac{n-1}{n}.$$

习题 9—2 解:用一般对数定义,$\log_a b=\frac{\ln b}{\ln a}$,$\log_b c=\frac{\ln c}{\ln b}$,$\log_c a=\frac{\ln a}{\ln c}$;

三者相乘等于 1.

也可以设 $\log_a b=x,\log_b c=y,\log_c a=z$,

则 $a^x=b,b^y=c,c^z=a$;

于是 $a=c^z=(b^y)^z=((a^x)^y)^z=a^{xyz}$,从而 $x\cdot y\cdot z=1$.

习题 9—3 解:(i)$(x^2\ln x)'=2x\ln x+x$;

(ii)$(\ln\sqrt{1+x^2})'=\frac{x}{1+x^2}$;

(iii)$\left(\left(1+\frac{1}{3+2x^2}\right)(1+x^2)\sqrt{1+x^2}\right)'$

$$=\frac{-4x(1+x^2)^{\frac{3}{2}}}{(3+2x^2)^2}+3x\left(1+\frac{1}{3+2x^2}\right)\sqrt{1+x^2}$$

$$=(6x^4+19x^2+16)\frac{2x\sqrt{1+x^2}}{(3+2x^2)^2}.$$

习题 9—4 证明：已知对任意 $0<u<v$ 有不等式

$$\frac{1}{v}<\frac{\ln v-\ln u}{v-u}<\frac{1}{u}.$$

取 $u=x, v-u=h$ 得

$$\frac{1}{x+h}<\frac{\ln(x+h)-\ln x}{h}<\frac{1}{x}.$$

同乘 h，再同减 $\frac{h}{x}$ 得

$$\frac{h}{x+h}-\frac{h}{x}<\ln(x+h)-\ln x-\frac{h}{x}<0.$$

取绝对值可得

$$\left|\ln(x+h)-\ln x-\frac{h}{x}\right|<\left|\frac{h}{x+h}-\frac{h}{x}\right|<\frac{h^2}{x(x+h)}<\left(\frac{h}{a}\right)^2.$$

第 10 讲

习题 10—1 解：(i) $x^2e^x+2xe^x$；

(ii) $2^x(\ln 2-1)\sin x+2^x(\ln 2+1)\cos x$；

(iii) $\frac{2x+e^x}{2(x^2+e^x)}$；

(iV) $((1+x^4)^{\cos x})'=(e^{\cos x\ln(1+x^4)})'=e^{\cos x\ln(1+x^4)}\cdot\left(\frac{4x^3\cos x}{1+x^4}-\sin x\ln(1+x^4)\right).$

习题 10－2 解：(i) 对 $\cos(\arccos x)=x$ 两端求导得 $-\sin(\arccos x)\cdot(\arccos x)'=1$，故

$$(\arccos x)'=\frac{1}{-\sin(\arccos x)}=\frac{-1}{\sqrt{1-(\cos(\arccos x))^2}}=\frac{-1}{\sqrt{1-x^2}};$$

(ii) 对 $\cot(\operatorname{arccot} x)=x$ 两端求导得 $-\frac{(\operatorname{arccot} x)'}{\sin^2(\operatorname{arccot} x)}=1$，故

$$(\operatorname{arccot} x)'=-\sin^2(\operatorname{arccot} x)=\frac{-1}{1+(\cot(\operatorname{arccot} x))^2}=\frac{-1}{1+x^2}.$$

习题 10—3 证明：当 $y>x$ 时，由不等式 $e^x<\frac{e^y-e^x}{y-x}<e^y$ 取 $y=x+h$ 得

$$e^x<\frac{e^{x+h}-e^x}{h}<e^{x+h}\leqslant e^b,$$

从而 $0<\frac{e^{x+h}-e^x}{h}-e^x<e^{x+h}-e^x\leqslant he^b$，

即得 $|e^{x+h}-e^x-he^x|<h^2e^b$；

当 $y<x$ 时，

由不等式 $e^y<\frac{e^y-e^x}{y-x}<e^x$ 取 $y=x+h$ 得

$$e^{x+h}<\frac{e^{x+h}-e^x}{h}<e^x\leqslant e^b,$$

从而 $e^{x+h}-e^x<\frac{e^{x+h}-e^x}{h}-e^x<0$，

用负数 h 乘后即得

$$0<e^{x+h}-e^x-he^x<h^2\ \frac{(e^{x+h}-e^x)}{h}\leqslant h^2e^b,$$

得同样结论.

习题 10—4 解：当 $a=1$ 时，函数 $y=f(x)=a^x\ln a-\ln x=-\ln x$ 有唯一零点 $x=1$.

当 $a>1$ 时，因 $f(x)=a^x\ln a-\ln x=\ln a\cdot\left(a^x-x+\log_a\left(\frac{a^x}{x}\right)\right)$，

可见函数 $F(x)=a^x-x$ 与 $f(x)$ 在 $(0,+\infty)$ 上有相同的零点. 求出 $F'(x)=a^x\ln a-1$ 的唯一零点 $z=\frac{-\ln\ln a}{\ln a}$，于是 $F'(x)$ 在 $(-\infty,z)$ 为负，在 $(z,+\infty)$ 为正. 从而 $F(x)$ 在 $(-\infty,z)$ 递减，在 $(z,+\infty)$ 递增，最小值为 $F(z)$.

注意到 $F'(z)=a^z\ln a-1=0$ 可得 $F(z)=a^z-z=\frac{1+\ln\ln a}{\ln a}$，当 $1+\ln\ln a=0$ 时即 $a=e^{e^{-1}}$ 时 $z=\frac{1}{\ln a}>0$ 而 $F(z)=0$，即 $f(x)$ 在 $(0,+\infty)$ 上有唯一的零点.

当 $a>e^{e^{-1}}$ 时 $F(z)>0$，从而 $F(x)$ 无零点，$f(x)$ 在 $(0,+\infty)$ 上无零点.

当 $a<\mathrm{e}^{\mathrm{e}^{-1}}$ 时 $F(z)<0$，从而 $F(x)$ 有两个正的零点，故 $f(x)$ 在 $(0,+\infty)$ 上有两个零点.

当 $a<1$ 时，$\ln a<0$，此时 $F'(x)=a^x\ln a-1<0$ 从而 $F(x)=a^x-x$ 递减，注意到 $F(0)=1>0$ 而 $F(1)=a-1<0$，可知 $F(x)$ 有唯一零点 $u\in(0,1)$；由 $a^u=u$ 可得 $f(u)=\ln a\cdot\left(a^u-u+\log_a\left(\frac{a^u}{u}\right)\right)=0$，即 $f(x)$ 至少有一个零点 $x=u$.

注意到如果 $c\neq u$ 使 $f(c)=0$，则由 $a^c=\frac{\ln c}{\ln a}=\log_a c$ 得到 $a^{a^c}=c=\log_a a^c$，从而 $f(a^c)=0$. 而且由 $y=a^x$ 递减和 $a^u=u$ 可知，若 $c>u$ 则 $a^c<u$，若 $c<u$ 则 $a^c>u$，可见 $f(x)$ 在 $(0,u)$ 上的零点和 $(u,+\infty)$ 上的零点一一对应，只考虑 $(u,+\infty)$ 上的零点即可. 这里 $u=u(a)$ 是 a 的增函数. 事实上，若 $0<b<a<1$，$a^x=x$ 且 $b^y=y$，若 $y\geqslant x$ 则必有 $a^y>b^y\geqslant a^x$，从而推出 $y<x$ 的矛盾. 这否定了假设 $y\geqslant x$，证明了 $y<x$.

求出 $f'(x)=a^x\ln^2 a-\frac{1}{x}$，它和 $g(x)=\frac{xf'(x)}{\ln^2 a}$ 有相同的零点和符号，故只要讨论 $g(x)=xa^2-\frac{1}{\ln^2 a}$ 即可.

求出 $g'(x)=a^x+xa^x\ln a=a^x(1+x\ln a)$，它在 $\left(0,-\frac{1}{\ln a}\right)$ 上为正，在 $\left(-\frac{1}{\ln a},+\infty\right)$ 上为负，可见 $g(x)$ 在 $\left(0,-\frac{1}{\ln a}\right)$ 上递增，在 $\left(-\frac{1}{\ln a},+\infty\right)$ 上递减，在 $x=-\frac{1}{\ln a}$ 取到最大值.

$$g\left(-\frac{1}{\ln a}\right)=-\frac{1}{\ln a}\left(a^{\frac{1}{\ln a}}+\frac{1}{\ln a}\right)=-\frac{1}{\ln a}\left(\frac{1}{\mathrm{e}}+\frac{1}{\ln a}\right).$$

若 $0>\ln a\geqslant-\mathrm{e}$，即 $1>a\geqslant\mathrm{e}^{-\mathrm{e}}$，$g(x)$ 仅仅在一点取到非正最大值，于是 $g(x)$ 除一点外均为负，故 $f(x)$ 递减，只能有唯一零点.

在 $a<\mathrm{e}^{-\mathrm{e}}$ 情形，由于 $(\mathrm{e}^{-\mathrm{e}})^{\frac{1}{\mathrm{e}}}=\frac{1}{\mathrm{e}}$ 表明 $u(\mathrm{e}^{-\mathrm{e}})=\frac{1}{\mathrm{e}}$，从而 $u=u(a)<u(\mathrm{e}^{-\mathrm{e}})=\frac{1}{\mathrm{e}}$，故 $\ln u<-1$. 又由于 $a^u=u=\log_a u=\frac{\ln u}{\ln a}$，可得 $g(u)=ua^u-\frac{1}{\ln^2 a}=\frac{\ln^2 u-1}{\ln^2 a}>0$，

由 $g(+\infty)=-\frac{1}{\ln^2 a}<0$，故 $g(x)$ 在 $(u,+\infty)$ 上有零点 α，在 (u,α) 上为正而在 $(\alpha,+\infty)$ 上为负. 这推出 $f(x)$ 在 (u,α) 上递增且和 $(\alpha,+\infty)$ 上递减，由 $f(u)=0$ 可知 $f(\alpha)$ 为正，又因 $f(x)=a^x\ln a-\ln x$，当 x 足够大时为负，可见 $f(x)$ 在 $(u,+\infty)$ 上有唯一零点 $x=w$. 如前所述，它在 $(0,u)$ 上也有唯一零点 $x=a^w$. 即在 $(0,+\infty)$ 上有三个零点. 全部讨论结果列表如下.

a 的取值范围	$a>e^{\frac{1}{e}}$	$a=e^{\frac{1}{e}}$	$1<a<e^{\frac{1}{e}}$	$e^{-e}\leqslant a<1$	$0<a<e^{-e}$
函数零点的个数	没有零点	一个零点	两个零点	一个零点	三个零点

【注】方程 $a^x\ln a-\ln x=0$ 等价于 $a^x=\frac{\ln x}{\ln a}=\log_a x$，函数 a^x 和它的反函数 $\log_a x$ 的曲线的交点的横坐标就是 $f(x)=a^x\ln a-\ln x$ 的零点.

第 11 讲

习题 11—1 解：(i) $2e^x\cos x$；

(ii) $\frac{2x^2-1}{2x^2\sqrt{1-x^2}}$；

(iii) $\frac{1}{1+x^2}-\frac{1}{2}\ln(1+x^2)$；

(iV) x^3e^x.

习题 11—2 解：(i) $\left(x^3-\frac{x^2}{2}+C\right)'=3x^2-x$；

(ii) $\left(-\frac{\cos 2x}{2}-\frac{1}{x}+C\right)'=\sin 2x+\frac{1}{x^2}$；

(iii) $\left(xe^x-e^x+\frac{1}{x}+C\right)'=xe^x-\frac{1}{x^2}$；

(iV) $(x\ln x-x+C)'=\ln x$.

第12讲

习题12—1 解：(i)记 $y=\ln u, u=1+e^{v}, v=\sqrt{w}, w=1+\cos^{2}x$；

则 $dy=\frac{du}{u}, du=e^{v}dv, dv=\frac{dw}{2\sqrt{w}}, dw=-\sin 2x dx$.

于是有

$$dy=\frac{du}{u}=\frac{e^{v}dv}{u}=\frac{e^{v}dw}{2u\sqrt{w}}=\frac{-e^{v}\sin 2x dx}{2u\sqrt{w}}=\frac{-e^{\sqrt{1+\cos^{2}x}}\sin 2x dx}{2(1+e^{\sqrt{1+\cos^{2}x}})\sqrt{1+\cos^{2}x}}.$$

(ii)记 $y=2^{u}+z, u=\sin v, v=3+\ln w, w=1+x^{2}, z=\sqrt{2+x^{4}}$，则 $dy=2^{u}\ln 2du+dz, du=\cos v dv, dv=\frac{dw}{w}, dw=2x dx, dz=\frac{2x^{3}dx}{\sqrt{2+x^{4}}}$. 于是有

$$dy=2^{u}\ln 2\cos v dv+dz=2^{u}\ln 2\cos v\frac{dw}{w}+dz=2^{u}\ln 2\cos v\frac{2x dx}{w}+dz.$$

$$=2x\left(\frac{\ln 2\cdot 2^{\sin(3+\ln(1+x^{2}))}\cos(3+\ln(1+x^{2}))}{1+x^{2}}+\frac{x^{2}}{\sqrt{2+x^{4}}}\right)dx.$$

习题12—2 解：对曲线方程两端求微分得

$$2x dx+(1+\sin^{2}\pi x)2y dy+2\pi y^{2}\sin\pi x\cos\pi x dx+y dx+x dy=0,$$

整理后为 $(2x+2\pi y^{2}\sin\pi x\cos\pi x+y)dx+(2y(1+\sin^{2}\pi x)+x)dy=0$，

因此有 $\frac{dy}{dx}=-\frac{2x+2\pi y^{2}\sin\pi x\cos\pi x+y}{2y(1+\sin^{2}\pi x)+x}$.

分别将 P 和 Q 的坐标代入得两点处切线斜率 $k_{P}=-1$ 和 $k_{Q}=-\frac{1}{2}$.

第13讲

习题13—1 解：$y'=(\arctan x)'=\frac{1}{1+x^{2}}, y''=\left(\frac{1}{1+x^{2}}\right)'=\frac{-2x}{(1+x^{2})^{2}}$；

故有

x	$(-\infty,0)$	0	$(0,+\infty)$
y''	+	0	−
函数的凸性	下凸	拐点	上凸

习题 13—2 解：$y''=e^x>0$ 恒成立，故函数在$(-\infty,+\infty)$下凸. 由凸函数定义有

$$\frac{f(x)+f(y)}{2}>f\left(\frac{x+y}{2}\right),$$

即 $e^x+e^y>2e^{\frac{x+y}{2}}$.

习题 13—3 解：由 $y''=-\sin x$ 可知对任意整数 k 有

x	$((2k-1)\pi,2k\pi)$	$k\pi$	$(2k\pi,(2k+1)\pi)$
y''	$+$	0	$-$
函数的凸性	下凸	拐点	上凸

习题 13—4 解：由 $y''=-\frac{4}{25}\cdot x^{-\frac{9}{5}}$ 可知

x	$(-\infty,0)$	0	$(0,+\infty)$
y''	$+$	0	$-$
函数的凸性	下凸	拐点	上凸

习题 13—5 解：由 $y''=6x-2a$ 可知

x	$\left(-\infty,\frac{a}{3}\right)$	$\frac{a}{3}$	$\left(\frac{a}{3},+\infty\right)$
y''	$-$	0	$+$
函数的凸性	上凸	拐点	下凸

习题 13—6 证明：考虑函数 $g(x)=f(x)-f(u)-f'(u)(x-u)$，

显然有 $g(u)=0$ 和 $g'(x)=f'(x)-f'(u)$.

由 $f'(x)$递增可知

当 $x>u$ 时 $g'(x)=f'(x)-f'(u)>0$，

故 $g(x)>g(u)=0$；

当 $x<u$ 时 $g'(x)=f'(x)-f'(u)<0$，

仍有 $g(x)>g(u)=0$. 即所欲证.

第14讲

习题 14—1 解:方法 1 设 $y=x-1$,则有 $x=1+y$,所以

$$\begin{aligned}F(x)&=F(1+y)\\&=(1+y)^4-4(1+y)^3+5(1+y)^2-7(1+y)+3\\&=y^4-y^2-5y-2\\&=(x-1)^4-(x-1)^2-5(x-1)-2.\end{aligned}$$

方法 2 设 $F(x)=x^4-4x^3+5x^2-7x+3$

$$=a+a_1(x-1)+a_2(x-1)^2+a_3(x-1)^3+a_4(x-1)^4.$$

则 $F'(x)=4x^3-12x^2+10x-7$

$$=a_1+2a_2(x-1)+2a_3(x-1)^2+4a_4(x-1)^3,$$

$F''(x)=12x^2-24x+10=2a_2+4a_3(x-1)+12a_4(x-1)^2$,

$F^{(3)}(x)=24x-24=4a_3+24a_4(x-1)$,

$F^{(4)}(x)=24=24a_4$.

于是 $a_0=F(1)=1-4+5-7+3=-2$,

$a_1=F'(1)=4-12+10-7=-5$,

$2a_2=F''(1)=12-24+10=-2$,

$4a_3=F^{(3)}(1)=24-24=0$,

$24a_4=F^{(4)}(1)=24$;

可得 $F(x)=(x-1)^4-(x-1)^2-5(x-1)-2$.

习题 14—2 解:计算出

$$(\cos x)^{(2n)}=(-1)^n\cos x,$$

$$(\cos x)^{(2n+1)}=(-1)^n(\cos x)'=(-1)^{n+1}\sin x.$$

故 $(\cos x)^{(2n)}\Big|_{x=0}=(-1)^n$, $(\cos x)^{(2n+1)}\Big|_{x=0}=0$,

从而得到泰勒展开式:

$$\cos x=1-\frac{x^2}{2!}+\frac{x^4}{4!}-\cdots+(-1)^k\frac{x^{(2k)}}{(2k)!}+R_{2k+1}(x),$$

$$|R_{2k+1}(x)|\leqslant\frac{|x|^{2(k+1)}}{(2(k+1))!}.$$

取 $x=5^\circ=\frac{5\cdot\pi}{180}\approx0.0872664626<0.09$，可得

$$\cos5^\circ\approx1-\frac{x^2}{2}=1-\frac{1}{2}\cdot\left(\frac{5\cdot\pi}{180}\right)^2\approx0.996192.$$

误差不超过 $\frac{x^4}{4!}=\frac{1}{24}\cdot\left(\frac{5\cdot\pi}{180}\right)^4<\frac{(0.09)^4}{24}<0.000003.$

习题 14—3 解：由 $(\ln(1+x))'=\frac{1}{(1+x)}$，

$(\ln(1+x))''=\frac{-1}{(1+x)^2}$，

$(\ln(1+x))^{(n)}=\frac{(-1)^{n-1}(n-1)!}{(1+x)^n}$；

可知当 $-1<x\leqslant1$ 时有

$$\ln(1+x)=x-\frac{x^2}{2}+\frac{x^3}{3}-\cdots+(-1)^{n-1}\frac{x^n}{n}+R_n(x),$$

当 $x>0$，$|R_n(x)|\leqslant\frac{|x|^{n+1}}{n+1}$；

当 $x<0$，$|R_n(x)|\leqslant\frac{|x|^{n+1}}{(n+1)(1-|x|)^{n+1}}$.

习题 14—4 解：由 $f'(x)=(\arctan x)'=\frac{1}{1+x^2}$，得到 $(1+x^2)f'(x)=1$，

两端相继求导得

$(1+x^2)f''(x)+2xf'(x)=0, f''(0)=0$

$(1+x^2)f^{(3)}(x)+4xf''(x)+2f'(x)=0, f^{(3)}(0)=-2$；

$(1+x^2)f^{(4)}(x)+6xf^{(3)}(x)+6f''(x)=0, f^{(4)}(0)=0$；

$(1+x^2)f^{(5)}(x)+8xf^{(4)}(x)+12f^{(3)}(x)=0, f^{(5)}(0)=24$；

用数学归纳法，若有

$$(1+x^2)f^{(n)}(x)+2(n-1)xf^{(n-1)}(x)+(n-1)(n-2)f^{(n-2)}(x)=0,$$

则求导后得一般公式：

$$(1+x^2)f^{(n+1)}(x)+2nxf^{(n)}(x)+n(n-1)f^{(n-1)}(x)=0.$$

取 $x=0$ 得递推式

$$f^{(n+1)}(0)=-n(n-1)\cdot f^{(n-1)}(0),$$

从而得到 $$f^{(2k)}(0)=0,f^{(2k+1)}(0)=(-1)^k(2k)!$$

于是可以写出

$$\arctan x=x-\frac{x^3}{3}+\frac{x^5}{5}-\cdots+(-1)^n\frac{x^{2n+1}}{2n+1}+R_n(x).$$

如果取 $x=1$，得

$$\frac{\pi}{4}\approx 1-\frac{1}{3}+\frac{1}{5}-\frac{1}{7}+\frac{1}{9}-\frac{1}{11}+\frac{1}{13}-\frac{1}{15}\cdots\cdots$$

相邻两项合并得

$$\pi\approx 8\left(\frac{1}{3}+\frac{1}{5\times 7}+\frac{1}{9\times 11}+\frac{1}{13\times 15}+\frac{1}{15\times 17}+\cdots\right)$$

用计算机或计算器计算上式的右端10000项得 $\pi\approx 3.14154\cdots\cdots$.

第15讲

习题15－1 解：设 $S(u,v)$ 是 $f(x)=k\cdot x+c$ 的一个积分系统，令 $F(x)=S(c,x)$. 则 $F(x)$ 是 $f(x)=k\cdot x+c$ 的甲函数. 由 $f(x)=k\cdot x+c$ 差商有界，故 $F'(x)=k\cdot x+c$. 另一方面已知 $\left(\frac{kx^2}{2}+cx\right)'=kx+c$，故 $\left(F(x)-\left(\frac{kx^2}{2}+cx\right)\right)'=0$，

即 $$F(x)-\left(\frac{kx^2}{2}+cx\right)=c,$$

于是

$$S(u,v)=\int_u^v(k\cdot x+c)\mathrm{d}x=F(v)-F(u)=\frac{k(v^2-u^2)}{2}+c(v-u).$$

这也证明了 $S(u,v)$ 是 $f(x)=k\cdot x+c$ 的唯一的积分系统.

习题15－2 解：函数 $\mathrm{floor}(x)=[x]$ 积分系统 $S(u,v)$ 的唯一性以及上一题中积分系统的唯一性都是单调函数积分系统唯一性的推论.

设 $f(x)$在区间 I 上单调,$S(u,v)$和 $R(u,v)$都是 $f(x)$在 I 上的积分系统,下面证明恒有 $S(u,v)=R(u,v)$.

用反证法.不妨假定 $f(x)$单调不减.

若结论不真,则有 I 上的 $u<v$ 使

$$|S(u,v)-R(u,v)|=a>0.$$

将$[u,v]$等分为 n 段,分点为

$$u=x_0<x_1<\cdots x_n=u,$$

记 $H=v-u$,由 $f(x)$在$[u,v]$上不减,故当 $x\in[x_{k-1},x_k]$时有 $f(x_{k-1})\leqslant f(x)\leqslant f(x_k)$.由积分系统的中值性可得:

$$f(x_{k-1})\cdot\frac{H}{n}\leqslant S(x_{k-1},x_k)\leqslant f(x_k)\cdot\frac{H}{n}.$$

对 k 从 1 到 n 求和,并记 $F=f(x_1)+\cdots+f(x_n)$,得到:

$$\frac{(F+f(u)-f(v))H}{n}\leqslant S(u,v)\leqslant\frac{FH}{n},$$

同理有

$$\frac{(F+f(u)-f(v))H}{n}\leqslant R(u,v)\leqslant\frac{FH}{n},$$

可见

$$0<|S(u,v)-R(u,v)|=a\leqslant\frac{(f(u)-f(v))H}{n},$$

这推出 $n\leqslant\dfrac{(f(v)-f(u))H}{a}$,与 n 的任意性矛盾,证毕.

下面具体计算出 $S(u,v)$.

若 $v=k+1$ 为整数而 $v>u\geqslant k$,下面证明必有 $S(u,v)=k(v-u)$.

由积分系统的中值性可知

$$S(u,v)\geqslant[u](v-u)\geqslant k(v-u),$$

于是只要证明不可能有 $S(u,v)>k(v-u)$即可.

用反证法,设 $S(u,v)-k(v-u)=A>0$,取正整数 $N>2$ 使 $c=v-\dfrac{A}{N}>u$,易知

$$k(v-u)+A=S(u,v)=S(u,c)+S(c,v)\leqslant k(c-u)+(k+1)(v-c).$$

整理得 $A\leqslant u-c=\dfrac{A}{N}$,矛盾.

对于一般情形,由可加性得

$$S(u,v)=S(u,[u]+1)+\sum_{m=1}^{[v]-[u]-1}S([u]+m,[u]+m+1)+S([v],v)$$
$$=[u]([u]+1-u)+\frac{[v]^2-[u]^2}{2}+[v](v-[v])$$
$$=v[v]-(u-1)[u]-\frac{[u]^2-[u]^2}{2}+[u].$$

习题 15—3 解:所求面积

$$S=2\int_0^2\left(x-\frac{x^2}{2}\right)\mathrm{d}x=2\left(\frac{x^2}{2}-\frac{x^3}{6}\right)\Big|_0^2=4-\frac{8}{3}=\frac{4}{3}.$$

习题 15—4 解:所求面积

$$S=\int_{-1}^1 2^x\mathrm{d}x=\frac{2^x}{\ln 2}\Big|_{-1}^1=\frac{3}{2\ln 2}.$$

习题 15—5 解:(i) $\int x\sqrt{x\sqrt{x}}\mathrm{d}x=\int x^{1+\frac{1}{2}+\frac{1}{4}}\mathrm{d}x=\int x^{\frac{7}{4}}\mathrm{d}x=\frac{4}{11}x^{\frac{11}{4}}+C$;

(ii) $\int 3^x\mathrm{e}^{2x}\mathrm{d}x=\int \mathrm{e}^{x\ln 3}\mathrm{e}^{2x}\mathrm{d}x=\int \mathrm{e}^{x(2+\ln 3)}\mathrm{d}x=\frac{\mathrm{e}^{x(2+\ln 3)}}{2+\ln 3}+C$;

(iii) $\int(\tan x)^2\mathrm{d}x=\int\left(\frac{\sin x}{\cos x}\right)^2\mathrm{d}x=\int\frac{1-\cos^2 x}{\cos^2 x}\mathrm{d}x$

$$=\int\left(\frac{1}{\cos^2 x}-1\right)\mathrm{d}x=\tan x-x+C.$$

第 16 讲

习题 16—1 解:(i) $\int_0^2(x^3-1)\mathrm{d}x=\left(\frac{x^4}{x}-x\right)\Big|_0^2=2$;

而 $f(x)=x^3-1$, $\frac{2(f(0)+4f(1)+f(2))}{6}=\frac{-1+0+7}{3}=2$.

(ii) $\int_0^2(x^2-5x)\mathrm{d}x=\left(\frac{x^3}{3}-\frac{5x^2}{2}\right)\Big|_0^2=-\frac{22}{3}$;

而 $f(x)=x^2-5x$, $\frac{2(f(0)+4f(1)+f(2))}{6}=\frac{0+4\cdot(-4)+(-6)}{3}$

$$=-\frac{22}{3}.$$

习题 16－2 解：求出 $\ln(1+x)$ 的马克劳林展开式：

$$\ln(1+x)=x-\frac{x^2}{2}+\frac{x^3}{3}-\cdots+(-1)^{n-1}\frac{x^n}{n}+R_n(x),$$

其中 $|R_n(x)|\leqslant\frac{|x|^{n+1}}{n+1}$.

取 $x=1$ 计算，为了误差不超过 0.0001，可取 1000 项：

$$\ln 2\approx 1-\frac{1}{2}+\frac{1}{3}-\cdots+\frac{1}{999}-\frac{1}{1000}=\sum_{k=1}^{500}\frac{1}{2k(2k-1)},$$

用计算机或计算器计算出

$$\sum_{k=1}^{500}\frac{1}{2k(2k-1)}=0.693097193\cdots\cdots,$$

与 ln2 的 8 位有效数字 0.69314718 比较，误差小于 0.00005.

若用 114 公式来计算，在[1,2] 中取分点 $\frac{4}{3}$ 和 $\frac{5}{3}$，分别在 $\left[1,\frac{4}{3}\right]$、$\left[\frac{4}{3},\frac{5}{3}\right]$ 和 $\left[\frac{5}{3},2\right]$ 上使用 114 公式计算得

$$\ln 2=\int_0^2\frac{\mathrm{d}x}{x}\approx\frac{1}{18}\left(1+4\cdot\frac{6}{7}+2\cdot\frac{3}{4}+4\cdot\frac{2}{3}+2\cdot\frac{3}{5}+4\cdot\frac{6}{11}+\frac{1}{2}\right)$$

$$=0.69316979\cdots\cdots.$$

仅仅算了 7 项之和，误差就小于 0.000025.

第 17 讲

习题 17－1 解：使用公式

$$S(u,v)=\int_u^v\pi F^2(x)\mathrm{d}x;$$

这里 $F(x)=\sqrt{x^2+5}$，$u=-2$，$v=2$.

$$V=\int_u^v\pi F^2(x)\mathrm{d}x=\int_{-2}^2\pi(x^2+5)\mathrm{d}x=\pi\left(\frac{x^3}{3}+5x\right)\Big|_{-2}^{2}=\frac{76\pi}{3}.$$

习题 17－2 分析：用 x 表示小球下落的距离，$F(x)$ 表示小球所受的地心引

力，则引力在$[0,x]$段对小球所做的功$W(x)=\int_0^x F(s)\mathrm{d}s$，此功等于小球的动能，也就是$\frac{1}{2}mV^2(x)=W(x)$，这里$m$是小球质量，而$V(x)$为小球的速度. 设小球从开始下落到经过$[a,b]$段所用的时间为$T(a,b)$，则有

$$\frac{b-a}{V(b)}<T(a,b)<\frac{b-a}{V(a)},$$

于是所求的时间为$T(0,R)=\int_0^R \frac{\mathrm{d}x}{V(x)}$.

计算：设地球质量为M，半径$R=6371$千米，则

$$F(x)=\frac{GmM}{(R-x)^2}\cdot\frac{(R-x)^3}{R^3}=\frac{GmM(R-x)}{R^3}.$$

由于地表重力为$GM=R^2g$（重力加速度$g=9.8$（米/秒^2）），于是有$F(x)=\frac{mg(R-x)}{R}$. 进一步求出

$$W(x)=\int_0^x F(s)\mathrm{d}s=\int_0^x \frac{mg(R-s)}{R}\mathrm{d}s=\frac{mg}{R}\cdot\left(Rs-\frac{s^2}{2}\right)\bigg|_0^x$$

$$=\frac{mg}{2R}\cdot(2Rx-x^2),$$

$$V(x)=\sqrt{\frac{g}{R}\cdot(2Rx-x^2)}$$

$$T(0,R)=\int_0^R \frac{\mathrm{d}x}{V(x)}=\sqrt{\frac{R}{g}}\int_0^R \frac{\mathrm{d}x}{\sqrt{2Rx-x^2}}$$

$$=\sqrt{\frac{R}{g}}\int_0^R \frac{\mathrm{d}x}{\sqrt{R^2-(R-x)^2}}=\sqrt{\frac{R}{g}}\int_0^R \frac{\mathrm{d}u}{\sqrt{R^2-u^2}}$$

$$=\sqrt{\frac{R}{g}}\arcsin\frac{u}{R}\bigg|_R=\sqrt{\frac{R}{g}}\cdot\frac{\pi}{2}\approx 1266(秒).$$

习题 17－3 解：使用公式

$$S(u,v)=\int_u^v \sqrt{1+(f'(x))^2}\mathrm{d}x,$$

这里$u=0$，$v=a$，而$f'(x)=\frac{1}{2}(\mathrm{e}^x+\mathrm{e}^{-x})'=\frac{1}{2}(\mathrm{e}^x-\mathrm{e}^{-x})$，

所以所求曲线长度为

$$s=\int_0^a\sqrt{1+\left(\frac{1}{2}(e^x-e^{-x})\right)^2}dx$$

$$=\int_0^a\sqrt{1+\left(\frac{1}{4}(e^{2x}+e^{-2x}-2)\right)}dx$$

$$=\int_0^a\sqrt{\frac{e^{2x}+e^{-2x}+2}{4}}dx$$

$$=\frac{1}{2}\int_0^a(e^x+e^{-x})dx$$

$$=\frac{1}{2}(e^x-e^{-x})\Big|_0^a$$

$$=\frac{e^a-e^{-a}}{2}.$$